kexuejia
tanxian biji

科学家 探险笔记

雪域探险

刘君早 主编   张文敬 著

明天出版社 · 济南

图书在版编目（CIP）数据

雪域探险 / 刘君早主编；张文敬著 . — 济南：明天
出版社，2024.5
（科学家探险笔记）
ISBN 978-7-5708-2336-9

Ⅰ . ①雪… Ⅱ . ①刘… ②张… Ⅲ . ①探险－世界
Ⅳ . ① N81

中国国家版本馆 CIP 数据核字（2024）第 096567 号

KEXUEJIA TANXIAN BIJI　　XUEYU TANXIAN
科学家探险笔记　　雪域探险

刘君早 主编　张文敬 著

出 版 人　李文波
责任编辑　韩　虎
美术编辑　丛　琳
出版发行　山东出版传媒股份有限公司
　　　　　明天出版社
地　　址　山东省济南市市中区万寿路 19 号
网　　址　http://www.tomorrowpub.com
经销　新华书店　　印刷　济宁火炬印务有限公司
版次　2024 年 5 月第 1 版　　印次　2024 年 5 月第 1 次印刷
规格　155 毫米 ×210 毫米　　32 开　5.25 印张　70 千字
印数　1—10000
书号　ISBN 978-7-5708-2336-9　定价　29.00 元

如有印装质量问题，请与出版社联系调换。电话：（0531）82098710

科学家探险笔记

雪域探险

目录

自序

　　1974年底，我被调到冰川冻土沙漠研究所，并被分配到冰川研究室的冰川组。调来不到半年时间，我就有幸参加了我国有史以来规模最大的一次综合科学考察——中国科学院青藏高原自然资源综合科学考察。因为名字太长，人们都习惯地简称为"青藏考察"，并将这支科学考察队称为"青藏队"。

　　在1975年和1976年"青藏队"的两次科学考察中，我和时任"青藏队"冰川组组长的李吉均先生同乘一辆汽车，同住一个营地，行程数万千米，走过了西藏东南部的山山水水。在他的带领下，我们先后考察了浪卡子县羊卓雍湖源头的枪勇冰川，拉萨河之源嘉黎县的麦地卡古冰盖，易贡藏布江之源的卡加冰川，西藏最大的两条现代冰川之一的卡钦冰川，"西藏的江南"——察隅县的阿扎冰川，曾发现过第二次世界大战时期失事坠落的一架美国运输机残骸的若谷冰川，还有珠西冰川、坡戈冰川……

本书主要讲述的是我在1975年和1976年的科考经历。当时"青藏队"共分四个分队。我所在的昌都分队的科学考察研究活动主要集中在西藏东南部。我们冰川组则将考察重点放在波密县倾多镇的珠西冰川、察隅县的阿扎冰川和丁青县的坡戈冰川，首选冰川是波密县倾多镇附近的珠西冰川。

此外，我要感谢中国科学院成都山地灾害与环境研究所的理解和大力支持，让我有足够的时间和精力来完成这本书。我还要感谢所有在我写作过程中给予我帮助的人，包括我的同事、出版社编辑，以及我的读者们，他们为我提供了宝贵的建议和意见，让这本书更加完善。

在珠西沟与豺狗擦肩而过

　　大约是1976年5月28日，我们坐卡车来到珠西沟内一处水网交错的古冰川扇形沉积滩上，准备选定大本营营地和冰川水文站站址，同时建立大本营气象观测站，然后再上珠西冰川建立冰川综合观测站。

　　5月下旬是冰川开始消融的季节，雨季即将到来。两侧山坡上的季节性积雪开始"酝酿"雪崩。看来珠西冰川景观过程真正"繁忙"的时间还未到来，我们选择这个时间进山开展科学考察算是找对了时机。太早了，一些冰川系统的自然地理过程观察不到；太晚了，冰川大规模消融，季节性雪崩会堵塞山道。雨季洪水更是一只拦路虎，将你挡在山外，让你上不得冰川。那样一来，整个科学考察计划准得泡汤！

　　大家正忙着察看地形测量水位，我给李先生打了个招呼，说到上游方向看看上冰川的山路就回来。李先生头也没抬，说了声"快去快回"，又忙着和水文专业的杨锡金老师讨论建立水文站的事去了。

顺着一条羊肠小道，我信步向珠西冰川末端方向走去。在我的考察生涯中，我总是控制不了自己对冰川研究的热情，不止一次只身一人深入渺无人烟的冰川区。尽管心里提醒自己别往前走了，可是双脚似乎受到一种力量的驱使，就是不听自己的使唤，以至于离大本营越

◎作者（左）在考察途中

来越远。如今回忆几十年的冰川考察生涯，我虽然多次让自己身陷这种令人后怕的处境，但每次还都能化险为夷，平安返回，想来也是万分幸运。

羊肠小道在茂密的原始森林中穿来拐去，一条流量不太大的山溪不时与山路并行相伴。巨大的古冰川漂砾下盘扎着墨脱青冈（青冈树俗称橡树）或易贡冷杉的粗大根系，林中高大乔木上的寄生和附生植物或垂帘倒挂、或古藤攀缠。猛地抬头，一双小而亮的黑眼睛正在前方的树枝上望着你滴溜溜地转呢！原来是一只小松鼠正惊异于我这不速之客的到来。我吓得出了一身冷汗，小家伙却头一扬，尾巴一竖，嗖的一声跳得无影无踪。小松鼠的出现让我乱想：那幽深的石洞里，那黑魆魆的树林中该不会有什么大型动物吧？狗熊我不怕，只要不狭路相逢，这种杂食性动物是不会主动攻击人类的，我怕的是山猪、野豹和豺狼。

我又听见了一阵窸窣声，扭头循声向山溪对岸望去，原来是一只美丽的珍珠鸡引着一群小雏儿在林间腐叶中觅食。一阵林涛过后，我又仿佛听见了人的欢笑声，是真有牧民在附近活动，还是错觉？我试图再次辨别山

◎冰川与冰川谷地

风中人语声的时候，其又被林涛的沉吟和山泉的咆哮淹没……

顺着山路向上走了四十多分钟的时候，高度表标示我所在的海拔位置与冰川末端不相近，于是我放弃继续走山路的打算，一头钻进了茫茫的林海中。我判断向右再爬过一座冰碛垄便会"别有洞天"，一定会走出森林见到冰川的。

在充满野趣的大自然中漫步，人多了是享受；人少了，尤其是一个人独行其间时，除了享受之外，还有寂寞和恐惧！在这种复杂的情感的驱使下，我独自一人来到珠西冰川末端的一座大约数千年前形成的新冰期终碛垄的前端。站在这城堡似的第四纪古冰川的堆积物上向上看，一条巨龙般的冰流自五六千米开外的谷地源头蜿蜒而来，紧接谷地源头的，则是一道万仞石壁。石壁之巅直插霄汉。石壁之上发育着无数条雪崩槽，其中规模比较大的有五条。冰雪物质从雪崩槽中淌出，在其下方形成一个接一个的扇形雪崩堆积体。这些雪崩堆积体正是珠西冰川形成的基本物质补给条件。也许由于雪崩物质补给的冰川具有较大的动力吧，珠西现代冰川的冰舌直抵新冰期终碛堆积堤的内侧坡面。

站在终碛垄往珠西沟下游望去，茫茫林海一直延伸到波斗藏布江边。谷地两侧从天而降的瀑布到达森林线后，便神奇地、悄无声息地融入了那森林里面，仿佛只是几滴水珠掉进了海绵中。

科考队员不走回头路，这似乎成了"青藏队"队员的座右铭。

原路返回固然容易得多，但探险的欲望令我选择了一条未知的回营之路。

冰川对岸侧碛堤上的森林中冉冉升起几缕雾霭般的青烟，我误以为那是季节牧场的牧人们煮下午茶的炊烟。一阵山风掠过，似乎能听到牧民们的说话声。我精神一振，双脚也来了劲儿，于是连走带跑地直冲对岸而去。但我在到达对岸的森林和冰川的接触地带后却傻了眼！哪来的什么季节牧场？哪来的什么牧民炊烟？只看见一条比上山路更窄的山路，山路上断断续续地生长着杂树和荆棘，好像有很长时间都无人走过。地上留下了杂七杂八的动物足印，有偶蹄形的，那多半是牦牛、黄牛的；有半圆形的，那多半是马、驴、骡子的；有爪痕，那是藏马鸡、珍珠鸡和山雉鸡踩下的印迹；还有梅花形的，那些是猫科动物的足迹。虽然这里是印度孟加拉虎分布的北界，但自从川藏公路通车后，这些"山大王"也好像懂得了"礼让三分"，退到更偏远的地带去了，所以大可不必担心会碰上它们。不过，金钱豹仍时常在这附近出没。

当地老百姓说这里有三大害：狗熊、豹子和豺狗。狗熊糟蹋禾苗庄稼，豹子偷鸡吃羊，豺狗残害牛、马、驴、骡。狗熊好对付。每当庄稼熟了的时候，狗熊喜欢在晚上溜出来，到庄稼地里去掰玉米棒子。派人在村寨的晒楼上朝天放几枪，或猛敲一阵用竹筒或木料做成的梆子，便足以吓跑那些呆笨的狗熊。说它们呆笨吧，每年却总可以遇到两三只十分聪明的狗熊。只不过两夜，这几只与众不同的家伙便弄清楚了从村寨里传出来的吓人声音的无用。于是你放你的枪，你敲你的梆，玉米棒子它照掰、照踩、照吃不误。可恶之处还在于，狗熊下地并不只偷吃庄稼，而且还祸害庄稼。一踩一大片，遍地"熊"藉，弄得农民们气不打一处来。

金钱豹虽然可怕，但作案次数并不多。因为这山里有的是它们爱吃的食物，什么山鸡、野兔啦，什么野羊、山鹿啦，又可口又不会讨人类的嫌。不过时至冬春，山中猎物少了，豹子就会铤而走险，出林下山去袭击村民们的家禽、家畜。村民自有办法，除深加圈养之外，就是在山豹进村的要道关口设下套绳陷阱。

在当地农、牧民们看来，最可恶的就是那些非狼似狗的"豺"。在动物分类学中，豺归食肉目犬科豺属，因全身除尾部之外皮毛呈赤棕色，亦称红狼。

豺既叫豺狼，又叫豺狗。由于它生性凶残，人们通常将其与狼、老虎和豹子联合起来并称为"豺狼虎豹"。

豺专食鲜活的麂、鹿、麝、山羊等动物，有时也袭击牛、马、驴、骡等牧民圈养的家畜。

就在我仔细辨认废弃山道上的一些动物足印的时候，离我不远处正在上演着一幕豺狗袭击骡子的惨剧。

西藏东南部山高谷深，太阳下山早。既然我走到了这里，就只能像蚯蚓那样，"拱"一步算一步。好在是下山，体力消耗不太大。再说谷地不宽，凭自己野外考察的经验，归队的大方向应该不会错的。

就在我快接近谷底的时候，眼前突然一亮，前面露出了一片蒿草丛生的开阔台地，原来这段森林我刚才走过。在冰川地区，这种台地多由冰水夷平形成，估计有两三级。我只要越过这几级台地，十有八九就能与组内选建水文站的同志们会合。有了目标，我浑身上下又来了劲儿，于是三步并作两步，不一会儿工夫，便来到了这开阔地的尽头。下面还有两级较小的台地，台地上同样长满了蒿草，估计原来的森林已被当地林业部门的伐木队砍伐殆尽，因为蒿草之中到处都是树体残桩。

我准备向第二级台地跃下的时候，突然听到一阵动物扑打的声音。循声望去，只见在第二级台地靠近森林边的角落，三只似狼似狗的动物正围着一匹青鬃大骡马！骡马似乎也感觉到有人来了，试图冲出包围圈。起初我以为是当地藏族牧民家养的三只猎犬在欺负大骡子，并没怎么在意，但很快就觉得事情不妙，那三只动物分明就是豺狗，这些家伙专门撕咬、吞食家畜的五脏六腑。我随即掏出哨子，猛吹起来，心想再凶残的动物也会怕人的，我的恐吓总该奏效吧！可是为时已晚，就在我将哨子吹出第一声的时候，一只豺狗已经跳起，伸出前爪，以迅雷不及掩耳之势，活生生地将大青骡的内脏从肛门中拽出。一股冒着热气的鲜血随后猛然喷出，地上的蒿草顿时一片殷红。大青骡绝望地挣扎了一下，便颓然倒在被自己的热血染红的草地上。被我的哨音惊动的三只豺狗没忘记自己的"胜利果实"，拖咬着大青骡的脏器，几步便钻进旁边的密林中去了。一幕弱肉强食的惨剧就在距我不足50米的地方发生并结束了，前后不过5分钟！

后来在西藏东南部的数十次冰川考察中，我不止一次地见到藏民家畜被豺狗袭击的痕迹。当地藏族居民说豺狗胆量大，也很机智，不好捕猎，没办法，只好听之任之。当地的干部说，因为森林采伐过度，生态环境受到破坏，一些野生动物的食物链受到了影响，就出现了越来越多的类似豺狗攻击家畜的事件。细细想来的确如此，豺狗捕食家畜自古就有，生态环境的破坏起了推波助澜的作用。

我为未能救出牧民的大青骡而自责，同时也因为亲眼看到豺狗的凶残惊出一身冷汗。好在我听见了同伴们对我哨声的回应，于是三步并作两步地朝着同伴们奔去。见到分别不过一个多小时的考察队队友，仿佛已经分别了很久。我喘着粗气给大家讲起了刚才豺狗攻击大青骡的经过。组长李吉均说："以后可不许一个人贸然行动了。"

原来，在我单独去寻找冰川后，大家决定到更下游的地段选择水文观测断面。因为这里水流太分散，难以控制冰川融水的流量。可是又无法与我联系上，也不能再派人去找我。俗话说，人找人，找死人。于是大家就在原地等。这一等就是一个多小时，你说大家有多急！多亏把我等了回来，万一出了事情怎么办？

大家虽然很有意见，但见我平安回来了而且疲惫不堪，也就不多说什么了。于是，我们便乘车向珠西沟的下游方向驶去，去寻找比较理想的水文观测断面。

▶ 小·知识

冰碛物

冰碛物是由冰川作用中所挟带和搬运的碎屑构成的堆积物，又称冰川沉积物，常是岩石、泥砾等碎屑的混合物。它们常形成终碛垄、侧碛垄和冰碛丘陵等堆积地貌。

位于冰川前缘即终端位置的冰碛物被称为终碛，常构成垄岗状地形，即终碛垄。在冰川的终端位置暂时稳定后，终碛物会随冰川的移动而不断累积增高，形成弧形垄岗。因此，终碛垄通常是古冰川停滞位置的重要标志。有时，冰川前进也可将冰碛物向前推挤形成垄岗，这种垄岗中的冰碛物会有明显的挤压变形构造。

位于冰川两侧的冰碛物被称为侧碛，由于在冰川两侧一定位置连续进行的堆积作用而逐步加厚、增高，常形成侧碛堤或侧碛垄，并沿冰川两侧向冰川末端延伸，与终碛相连接。

古冰碛丘陵又叫冰砾阜，在冰川堆积地貌形态中最为有趣，是形似坟头一般的小山丘。古冰川的消融区由于消融的作用，在冰面形成一个个直径几十米甚至上百米的大"锅穴"，其四周的表碛（位于冰川表面的冰碛物）滚落到"锅穴"中，不停地堆放、沉积，形成丘陵地貌。

从末次冰期、新冰期、小冰期
到现代冰川

冰川学上，把地质史上第四纪中距今一万多年以前称为末次冰期，距今约两三千年以前称为新冰期，距今三百年以前称为小冰期，现在所看到的冰川称为现代冰川。

一般来说，自末次冰期以来，北半球冰川变化的演替规律基本上是一次比一次规模小。也就是说，新冰期的冰川的发育规模明显小于末次冰期的冰川的发育规模，小冰期的冰川规模也明显小于新冰期的冰川规模。现在所看到的现代冰川在常规状态下的发育规模也总是小于前几次冰期的规模。

然而，站在珠西冰川的新冰期终碛垄，能看到左右两边都有一个较小的"U"形出口，这显然是距今三百多年前小冰期冰川前进所为。新冰期终碛垄竟然曾被小冰期的冰流所突破。这在冰川环境气候学和冰川动力学的研究中具有特殊意义。

◎冰川"U"形谷

在冰川上遭遇狗熊

　　珠西冰川是一条90％体量依靠雪崩补给的再生型现代山谷冰川。雪崩区陡壁的最高处海拔为6000多米。大量的冰雪物质通过大小不一的数十条喇叭形的雪崩槽，从极高地带频繁地跌入珠西谷地的上源，形成一个连一个的裙状雪崩锥。在地球引力作用下，雪崩锥体的冰雪物质以人类感觉不到的速度向下游缓慢地运动着，并形成了长5000多米的珠西冰川。

　　作为雪崩型再生冰川，珠西冰川在中国现代冰川家族中还算不上大型山谷冰川，但它的末端海拔高程却丝毫不逊于那些长10000米以上的大型山谷冰川。根据当年考察中的测量，珠西冰川末端海拔仅约2980米。和著名的四川贡嘎山东坡的海螺沟冰川末端一样，珠西冰川的整个冰舌完全被两侧和下游的原始森林包围。

后来经过多次考察，我发现在我国的季风型暖性冰川区，越靠近冰川，原始森林越茂密。尤其在紧邻现代冰川的新冰期终碛垄和侧碛垄上，虽然冰碛物中的土壤化程度并不高，热量条件看起来也不如下游一些海拔更低的区域优越，但那上面却常生长着茂密的参天大树。有的大树因为太高、冰碛物太疏松，扎根不稳而翻倒。但新的树木又疯了似的拼命往上蹿，直到它们自己某一天也扎根不稳翻倒为止。

冰川考察营地建立在冰川南侧一座古冰川侧碛外侧的倾斜的扇形地上。两条清冽的冰雪融水溪流分别从营地后的上方流来，在营地前不远处汇合，再沿我们上冰川时的山路谷地流向冰川的下游。溪流两边长满了灌木和蒿草。受到岸边植物的阻留，水流虽急，却不像一般山溪那样大呼小叫，这倒为我们的营地增添了几分幽静的气氛。我们整整在珠西冰川营地待了三个月！

在那漫长的三个月中，无论天气如何，我们每天早饭后都会从营地出发，一头钻进那密不透风的亚热带和亚高山针阔混交林中。脚下那新冰期冰碛漂砾上长满了苔藓，滚圆溜滑，稍不小心便"马失前蹄"。好在时日一长，慢慢地路熟了，走起来也顺当多了。几个月上上下下，一条像模像样的林中小道居然硬是被我们的双脚踩出来了。

大约是两个月以后的一天，当我们再次踏上这条上冰川之路的时候，小冯眼尖，发现路面上有一些小石块被什么东西翻过。当地民工曾经告诉过我们，狗熊喜欢吃蚂蚁。山中不少石块下面都藏有蚁穴，狗熊常常边行走边用前爪翻动路面上的石块，以便舔食那可口的高蛋白食物。

◎作者（右）在冰川区考察

那几天，每天晚上在我们的帐篷外面都有动物走动的声音。大家都很紧张，我宽慰大家说，不要紧，这是半山腰季节牧场跑上来的牦牛。可是，在发现路面上有被狗熊翻动过的石块后，大家都不信我说的话了。其实我也意识到那一定是狗熊或别的什么野生动物在"光顾"我们的营地。我倒不奇怪，每天营地厨房里都有些剩菜剩饭，可能是饭菜的香味吸引了想和我们交朋友的野生动物们。

又过了几天，我和张义从冰川上测量归来，刚走出树林，张义又是一声吼，唱起了《不忘阶级苦》："天上布满星，月牙儿亮晶晶，生产队里开大会，诉苦把冤申。……"歌声未落，他抬头猛然发现营地后面不远的山坡上散布着四个小黑点。张义说："张老师，我发现狗熊了，四只。"我取出望远镜，顺着小张手指的方向望去，果然看见四只狗熊在太阳底下嬉戏玩耍。共有两大两小，大的显然是熊爸爸、熊妈妈，小的无疑是两只熊宝宝了。

那时候，我还不到三十岁。几个学生更是年轻好奇，回到营地一商量，大家都说："打！"白家齐说山上油水少，正想吃熊掌哩。地方部队给我们配备了四支步枪，百米开外都有极大的杀伤力，四支枪猎杀四只狗熊应该不会有太大的问题。

我决定四个人兵分两路向狗熊出现的左右两处制高点爬去。我和白家齐负责射两只大的，小冯和小张负责射两只小的。为了防止发生意外，我规定了几种旗语手势命令，叮嘱大家千万听从我的指挥，统一行动，宁肯打不着狗熊，也不能伤到我们自己。

半个小时后，我们各就各位。

由于距离很近，又是居高临下，四只狗熊憨态可掬的嬉戏动作被我们看得一清二楚。两只小熊宝宝在树影婆娑的石碛地上无忧无虑地翻滚着，两只大狗熊也忘情地欣赏着小宝宝们的天真游戏，丝毫不曾想到，附近竟有四支冷冰冰的枪正瞄准它们呢！

可爱的森林尤物啊！你们本该是人类的朋友，可是糊涂的人类总是图自己的一时之快，为了一餐之馐，无端地残害着与人类无争的动物朋友们。

时间一分钟一分钟地过去了，我未曾举起手中那红白两色的三角小旗。太沉重了，我乏力地垂下了手中的旗，也垂下了手中的枪，下意识地叹了一口气。叹气声惊动了正玩得起劲儿的狗熊，只见一只大狗熊一甩头，两只小熊随即翻身跃起，跟着熊爸爸、熊妈妈迅速隐入附近的森林中，消失得无影无踪。

我们默默地回到了营地，大家好一阵子都没说话。我想我这些同伴也一定不会埋怨我不举旗发令射击。如果我真的举旗发令的话，我会后悔一生的，真庆幸当时没做出错误的决定。感谢珠西沟的冰川，感谢珠西沟的森林，感谢珠西冰川和森林上面那一片湛蓝的天空。在那纯净明朗的天地之间，我获得了环保意识升华后的灵感。突然之间，我意识到包括我在内的人类，不该总是向大自然索取，我们要爱护自然，要学会和其他生物和谐相处。因为，其他生物如果灭亡了，人类也就毁灭了自己。

总是我们人类有意无意地侵犯着野生动物的领地，而不是它们刻意危及我们人类的安全。我们有什么理由将冷酷的枪口对准那些本也属于"地球村"的另类"村民"呢？

也许今天的人们会觉得我们当时的"理性"发现没有什么值得特别描述的。可是，那是20世纪70年代啊！当时国人真的很少有保护环境和生态文明的意识。

白色巨龙大雪崩

　　不少观众会在一些电影或者电视画面上观看到一组雷同的大雪崩的镜头，这组真实的镜头最初出现在上海科学教育电影制片厂所拍摄的《世界屋脊》科教片中。当年，《世界屋脊》剧组一行由上海科学教育电影制片厂编导殷培龙先生带队来到了我们珠西沟冰川组营地，前后等了大约两个星期，终于在一天午后，拍下了那组经典的大雪崩镜头。

　　雪崩，在我国的冰川地区，简直称得上家常便饭。白天工作忙起来还不觉得，一到了夜晚，正当你闭目想进入梦乡的时候，雪崩就开始了。说是"开始了"并不对，因为一天24小时，随时都会发生雪崩，只是当你昏昏欲睡的时候，似乎才能真正感觉到雪崩的存在，它搅得你心烦意乱，欲"睡"不能。

©冰川雪崩

就在我们放弃猎杀狗熊的几天后，殷培龙先生一行来到了我们珠西沟冰川组营地。

殷先生带来了组长李吉均先生的信，信上说上海科学教育电影制片厂编导殷培龙先生一行专程来珠西冰川等候拍摄"大雪崩"镜头，同时也想拍摄几组我们冰川组科学考察的资料画面。李先生嘱咐我们要密切配合，并说电影拍摄工作也是青藏科学考察的重要内容。

当年殷培龙虽然已年届五十，但看上去好像不到四十岁，熟悉他的人无不赞叹他"驻颜有术"。

殷先生曾被誉为上海科学教育电影制片厂"五大强盗（强导）"之一。在中国电影尽是"新闻简报"的年代里，他拍摄的《熊猫》曾让国人耳目一新。他参与拍摄制作的《西藏的江南》《无限风光在险峰》等科学考察片轰动一时。

不少人见到他时，总爱问他为何越活越年轻，都想从他那里获取保持年轻的秘诀。

老殷总是轻轻一笑，说："多吃天然食品，但别忘了放味精。"他说味精吃了补脑。上海人烧菜喜欢放味精，但补脑一说还是第一次听到。有无科学依据，我们无从得知，只当是开玩笑。

西藏东南部地区真是一座天然食品的宝库，虽没有海味，但全是山珍。我们每顿饭都少不了一盆半锅的天然食品。那时虽不兴什么"绿色食品"，但人们还是懂得纯天然食品的好处的。

珠西沟雨水多，雨过天晴休息时，我就约人去森林中采摘蘑菇和木耳。人常用"雨后春笋"来形容某种事物发展迅速，我觉得还是用"雨后蘑菇"或"雨后木耳"更贴切。天晴时并不显眼，但一阵大雨后，林中的雾气还未散去，一些树上就迫不及待地生出了鲜嫩肥美的蘑菇和木耳来，真是随雨生，见风长。蹲在一棵树下十来分钟你就能采满一大桶的蘑菇，守住一棵枯倒的青冈木，二十分钟你就能满载木耳而归。什么叫丰收的喜悦？我们真像童话故事中的兔妈妈，经常提着沉甸甸的蘑菇、木耳往我们的"洞穴"——营地欢快地走去。

在藏东南冰川区的科学考察中，我们最感兴趣的还是采木耳。新鲜的木耳非常肥硕，呈半透明胶体状，有白色的、黄色的、红色的，当然多数是棕黄色的，就是我们常说的黑木耳。新鲜的黑木耳并不太黑，而是呈现棕黄色。

在珠西沟的几个月里，每天的早餐绝大部分是大米、木耳烧稀饭，后来听殷导演的建议，稀饭里加了味精，味道确实鲜美了许多。几个月下来，大家都长胖了十来斤。

采摘木耳的好处在于吃得放心，不像蘑菇，家族的成员太复杂了：采好了，你便像殷导那样养颜驻容；弄不好，吃下毒伞菌，轻则肚疼拉稀，重则危及生命，那就得不偿失了。虽然生物组的蘑菇专家也曾多次言传身教，但每次碰见新种蘑菇，即使按照专家教授的蘑菇鉴别知识，断定其可以"进口"，但仍然没有人愿冒险。交通不便，离城镇又远，一旦毒菌下肚，后果不堪设想。木耳的口感好，尤其是新鲜木耳炖红烧肉罐头，那味道，按我们四川人的说法是"不摆了"（"不说了"的意思）。我后来吃海鲜，那味道也无法与当年珠西沟冰川营地的山珍相提并论。

其实，珠西沟最上乘的山珍佳品应该是松茸。松茸，当地群众叫青冈菌。这种菌只生长在青冈林中，但全是青冈的树林里却见不到松茸的踪影。因为松茸的菌种——蜜环菌，必须有松杉一类乔木做寄主才能生长繁衍，所以只有在那些以青冈林为主，间有松树、杉树等乔木的森林中才能采摘到这菌中极品。松茸除了有鲜美的口感之外，据说还有一定的药用价值。可惜的是，当年我们在珠西冰川考察时有眼不识金镶玉，只知道那些青冈菌好吃，却并不了解它真正的营养和药用价值。

在一个连续雨雪天气后的晴天，电影组架设在我们冰川营地靠冰碛垄一侧的高倍电影摄影机终于等到了一个拍摄特大型雪崩的机会。

根据我们事先的估计和建议，殷导演他们将摄影机镜头对准了珠西冰川源头后壁的二号雪崩槽。二号雪崩槽是这条冰川最大的一条雪崩槽。喇叭形状的雪崩槽像一张朝天张开的巨型嘴巴，直通山体的绝顶。这一雪崩槽的中上部位还会合了不少树枝状的中小雪崩槽。主流雪崩槽和各个支流雪崩槽中都积蓄了成千上万吨随时都可以爆发雪崩的冰雪物质，这是多年以来高山降雪的结果。随着季节的变换、太阳辐射的加强、气温的不断升高，无论是主流还是支流雪崩槽，只要其中的某个部位产生些微的错断、走滑和崩塌，都可以诱发一场惊天动地的大雪崩。

我们最初只是听到单个雪崩槽传来的声音。不一会儿，便有断断续续的雪崩声传来。紧接着便是"惊雷四起"，似千军万马奔来。我们拥出帐篷，看那冰川上游的雪崩区时，却已是一片雪雾。殷培龙先生指挥着摄影师钱斌操纵着那35毫米胶片摄影机，一会儿推，一会儿拉，一会儿摇；一会儿特写，一会儿全景。我们原本还担心殷导演没抓拍到雪崩最初发生时的情景。可是老殷说，皇天不负苦心人，他今天吃完午饭就没进帐篷，一直站在摄影机旁边。在听到第一次雪崩声响时，站在他身后的钱斌就打开了机器电源开关，直至雪雾散去，足足拍了十几分钟！我们扭过头去看钱斌，虽然冰天雪地气温很低，小伙子的额头上却全是汗水。钱斌说，当他从摄影机镜头中观看那一泻数千米的特大雪崩时，几乎屏住了呼吸，生怕呼吸会引起手的抖动，从而影响到拍摄画面的完美和连续！

"拱猪！"（"拱猪"是一种扑克的玩法。）殷导演的兴致好极了，他指挥着钱斌他们收拾好摄影器材后，提议大家打牌放松放松，说是有这组特大型雪崩镜头在手，《世界屋脊》影片就离成功不远了。那天下午老殷当了好几回猪。老殷说："承蒙大家的关照当了'猪'，无以回报，只好明天上冰川为你们多拍几组镜头。"

精美绝伦的冰溶洞

次日一早，听说拍电影、上镜头，大家兴致极高，争先恐后为电影组扛机器，背片箱。小冯、小张等几个小伙子上冰川如履平地，扛着机器飞跑，急得老殷在后面一个劲儿地高叫："慢一点儿，慢一点儿，别摔坏了机器！"

一上冰川，电影组的同志就被那一连串令人目不暇接的冰川消融景观深深地吸引住了。

在现代山谷冰川的消融区，猛地一看，会令初上冰川的人大失所望。原来心目中所想象的那种洁白、晶莹、剔透、水晶般的冰川园林一概见不到，眼前只是一堆一堆的"烂石块"。那些"烂石块"之间，间或有一些大大小小的湖泊。这些石块和零星的湖泊乍看没有什么出奇的地方，但你沉下心仔细观察就会发现这冰川的美丽。也许那不起眼的"烂石头"是一个冰蘑菇——上面是石

◎米堆冰川的冰蘑菇

头，石头下面是一个冰的基柱，冰的基柱是和整个几千米长、几百米厚的现代冰川连为一体的！这一发现将会使你的眼界大开。类似的冰蘑菇满地皆是。不过，看得多了，你还会发现，那冰柱上面的石头形态各异，不仅大小不一，而且有的圆，有的方，有的短，有的长，有的像几，有的像凳，有的像案，有的像桌……冰川学上将它们称为冰桌、冰舌、冰帽……

大的冰蘑菇如房屋一般。但石头小到一定尺寸，非但不能形成冰蘑菇，反而会形成冰井。石块的颜色太深，容易吸收太阳辐射，热量传递给下面的冰体，导致冰体融化，小石块越陷越深，便形成一种冰面负地形景观——冰井。冰井中充满了冰融水，冰融水清冽甘甜，以手当勺饮上几口，真是沁人心脾，令人疲劳顿消。

当然，冰川上的融水不限于冰井、冰杯和冰面湖泊，更有蛛网式的冰面河、冰内河和冰下河流。可别小看了这些波澜不惊、静若处子的冰川溪流，正是它们汇聚成了长江、黄河、雅鲁藏布江等众多大江大河的源头。

我们顺着一条不宽的冰面河流小心翼翼地前进着。这一带表碛少了，裸露的冰川冰多了起来，走起来自然很滑。半小时之后，我们脚下的冰面河流突然消失了，潺潺的溪流声被一阵阵哗哗的水声取代。电影组同志看到这"山穷水尽"的样子，将不信任的目光投向我这个冰川引路人。我却仍然镇定自若，猛然翻上了一个不高的表碛丘。霎时，一股冰凉的清风吹来。我手搭在额前遮挡住强烈的阳光，顺着凉风吹来的方向看去。嗬！好大一个冰溶洞。我赶忙招呼后面的同志说："快过来，我发现了一个洞天福地！"

这是一处大型冰川热融喀斯特溶洞。

在季风型暖性冰川区，太阳光以短波辐射的方式到达地表，地表以长波辐射的形式将能量返给大气。近冰面的长波辐射所引起的乱流热交换没有明显的方向性，可从不同方向对冰体进行消融。所以，在西藏东南部的冰川区，虽然看不见像世界最高峰珠穆朗玛峰山区那样由太阳直接辐射而塑造的冰塔林景观，却让我们得以领略冰溶洞这样的冰川喀斯特地貌。不同的冰川美景真可谓各有千秋，互不相让。

张义凭他的测绘经验告诉我们，这溶洞的洞门高、宽都足有30米。

钱斌他们深深地被这城门似的冰洞所吸引，不由分说便往洞里钻。我说千万别慌，因为"城门洞"的顶棚由于消融的缘故，不仅向下滴水，同时还会不时地掉落一些冰碛石砾。一颗鸡蛋大小的石块，要是从30米高处落下砸在人的头上，那可不是闹着玩的。所以，我和老殷商量后规定，凡进出洞口必须事先有人观察冰溶洞洞口上方的情况。

从外面往里看，只感觉到那冰溶洞的壮观和雄伟。

进入洞里，除了壮观和雄伟之外，更感觉到这冰溶洞的奇绝与精美。只见洞深足有50多米，洞壁靠近上游一侧汇集了好几条冰流暗河，与洞口的小溪流交汇后，从洞的最深处再次潜入冰下，只听见水流的咆哮声渐渐远去。

冰洞的晶莹剔透自不用多说，由于冰体消融，冰壁呈叠瓦状，好似许许多多凹面镜镶嵌而成。在从洞口上方射入溪流中的阳光的反射下，冰壁银光闪闪，犹如星汉灿烂。一些在冬春气温较低时形成的冰钟乳像宫灯似的悬挂在洞顶，冰笋似水晶树林簇生在洞底。融水不断地从冰钟乳石的末端滴答落下，溅落在水潭中、冰笋上，发出不同音阶、音色的声响。有的冰笋因消融只剩下残根，给人一种沧桑的凝重感。不过，可以想象，要是冰洞不坍塌，经过下一个冬春的季节轮回，新的钟乳、新的冰笋还会生成，也许还会更加绚丽，更加璀璨。

老殷问我，这冰洞形成多少年了？还能存在多少年？我说还没有专门进行考察研究。不过根据冰川的长度和运动速度可以推算出冰洞存在的最大年龄。根据冰洞顶部的厚度以及冰川地区太阳辐射、温度及消融强度等状况，可以推算出冰洞可能存在的最短年代。珠西冰川长约5千米，运动速度约每年100米。假设冰洞自冰川上游开始，运动到冰川末端，时间不过50年，这个冰洞距上游已有3千米的距离，可见形成的时间不会超过30年，继续存在的时间也不会超过20年。事实上，冰溶洞最初形成的地方不可能出现在冰川的最上游，所以它存在的时间远短于30年。越往冰川下游，冰川消融速度越快，珠西冰川中下游年平均消融厚度达5米以上，而我们所在的冰洞顶部最薄处不过25米，也就是说，大约再过5年时间，这处冰洞将会因冰体的消融导致顶穿壁塌而消亡。

时隔4年，1980年我参加科教片《中国冰川》的现场拍摄再次来到珠西冰川，重访这处冰溶洞时，其果然已是冰消洞塌，面目全非了。

壮观的冰瀑布

冰瀑布也叫冰川瀑布，是现代冰川上的一种构造形态景观。但并非每一条冰川上都能见到这种巍峨壮观、气势磅礴的自然景观。只有像中国西部这种极高山地上，冰川才有这种"飞流直下三千尺"的被凝固着的，但又无时不在运动着的奇特冰瀑布。可以说冰瀑布是极高山地区现代冰川的专属"产品"。

在近30年的冰川科学考察活动中，我去过不少的冰川作用区，考察过大大小小的冰瀑布：有西藏最大的山谷冰川卡钦冰川上的冰瀑布，也有青藏高原冰川末端的阿扎冰川瀑布，还有米堆冰川著名的复式冰瀑布及四川贡嘎山东坡的海螺沟冰瀑布。这些冰瀑布从规模和形态上讲，都堪称世界级的冰川大瀑布。它们的垂直高度无一不在600米以上，而且坡度都在60°以上，一泻千里的

◎米堆冰川复式冰瀑布

浩荡冰流从冰川积累区的粒雪盆出口突然垂直而下，仿佛一道自天而降的银河，直落谷底，融入冰川的消融区，形成一条完整的冰舌，向更低的下游蜿蜒流去。由于这些冰川均属季风型暖性山谷冰川，长长的冰舌无不穿行于莽莽的原始森林之中。绿色的林海，白色的冰流，冷暖互传，绿白相间。涌动的林涛声，轰鸣的冰崩声，还有冰融水流的咆哮声，形成了一曲季风型暖性冰川区特有的交响乐。

我平生第一次见到大冰瀑布是1975年的9月，在易贡藏布江考察的时候。当时正是在中国科学院青藏高原自然资源综合考察队冰川组从若谷冰川考察返回易贡的途中。

若谷冰川位于西藏东南部波密县易贡乡易贡藏布江一条支流的源头上。这条支流名叫若谷弄巴河。若谷冰川颇有传奇性。1993年，当地猎人在冰川上发现了二战时期的失事飞机，其因为来自美国空军的"驼峰航线"而闻名于世。

我们冰川组一行7人曾在若谷冰川的冰面上生活、工作了40多个日日夜夜。那时，我们国家科学研究的基础还十分薄弱，科学考察手段也相当落后，连野外科学考察必备的航空照片和大比例尺的地形图都配备不全。若谷冰川与卡钦冰川仅一岭之隔，按理说，当年应该将首选的冰川考察对象选定为卡钦冰川，因为卡钦冰川比若谷冰川大得多，有更高的科考价值。到若谷冰川考察的道路不仅路线长，而且还要过危险的牧人栈道，以及冰冷透骨的冰水河流。当时所雇用的民工只能用他们五分之一的体力协助我们考察，因为每个民工需用五分之四的体力携带生活的必需品。冰川组为什么舍近求远、舍易求难地去定点考察若谷冰川，而放弃距易贡较近的卡钦冰川呢？其主要原因便是确定考察计划时缺乏必要的地形图和航空照片，不了解卡钦冰川的情况。

在后来的考察中，从一些民工的嘴里，我们还是意识到了应该有一条远比若谷冰川大得多的现代山谷冰川。

在回程的第三天晚上，我们露营在一个叫作欧龙的古冰水平台上。晚饭后，组长李吉均先生征求大家的意见，说明天他想到附近一条叫作卡钦龙巴的沟谷去做一次临时考察，李先生觉得卡钦龙巴沟的源头应该有一座大型山谷冰川。说心里话，经过近50天的若谷冰川的科学考察，大家的体力已消耗得差不多了，再加上后天是西藏自治区成立10周年的纪念日，大家也很想下山娱乐放松一下。但是强烈的求知欲和责任心促使我主动要求陪同李先生前往。当时同行的还有易贡农垦团为我们配备的藏语翻译桑给顿珠同志和向导白马老人。

次日早饭后，我们一行4人告别了组内其他同志和20多名男女民工，向右拐入了原始森林。途中不时可见三五成群的猴子在高大的乔木树冠上跳来跃去，将树枝树叶扰动得哗哗作响。

好在有白马老人和桑给顿珠两人在前面"砍路"。我和李先生只管埋头跟进。不过仍会被前面未砍净的树枝荆条和细竹梢猛地弹到，脸、脖子和手背上常感到一阵阵扎心的疼痛。一个半小时之后，突然眼前一亮，原来我们已穿过这一片生长在古冰川侧碛垄上的原始森林，来到了卡钦龙巴沟的边上。我们眼前出现了一座由于河水的冲刷形成的陡陡的冰碛崖坎。我们正愁如何才能越过时，只见白马老人用雪亮的大砍刀指着一处还冒着热气的岩羊粪说："邦不拉（藏语，干部、领导的意思），别着急，只要动物能下我们就能下。"果然，顺势看去，一条斜斜的、窄窄的羊肠小路隐约可见。加上有些突出的冰碛石和树桩树枝可作攀缘之物，虽然不无危险，但经过约半小时的艰难跋涉，我们终于下到了谷底。

沿着谷底左岸继续上行，只见卡钦龙巴河急流汹涌，撞在巨大的冰川漂砾上溅起阵阵白浪，河水送来的谷风寒气逼人。凭经验，我们知道这里距冰川末端一定不远了。果然，我们刚转过一处新月形的河湾，只见1000米开外便是河流的尽头，一条巨型山谷冰川的末端满满当当地静卧在谷地之中，一股冰川融水从冰川末端的冰洞中咆哮奔流而出。啊！这就是我们要寻觅的卡钦冰川！

在冰川谷地中行走总有说不出的艰难困苦，但一旦发现一条从未涉足过的冰川就在你的面前，而且马上就伸手可及的时候，便会精神大振，浑身上下有使不完的气力、用不尽的能量。当时我不到30岁，李先生也才40岁出头，我俩不一会儿就把两名藏族同胞甩到了后头。事后翻译桑给顿珠开玩笑说："李队长、张老师，看你们那三步并作两步走的样子，还以为那冰川上有大堆的金银财宝在等着你们呢！"

事实上，何止金银财宝！我们走近冰川末端，用气压高度表测定出这里的海拔高度时，真让我们感到比拾到了金元宝还高兴呢。原来这里的海拔高度才2500米！这是"青藏队"冰川考察中发现的第二条低海拔的大型山谷冰川！"青藏队"前两年在"西藏的江南"察隅县考察的阿扎冰川的末端海拔也是2500米左右。

在考察了冰川末端的地貌形态和冰川水文状况之后，我们一鼓作气爬上了卡钦冰川的消融区。这里冰面坡度不大，表面略有起伏，表碛覆盖不太厚，冰碛丘陵很少，也不见明显的冰面湖泊，只是发育着一些并不深的冰面河流。随着不断上行，呈现在我们面前的依次是冰桌、冰几、冰案、冰蘑菇等冰川消融的地貌景观。在更上游的冰面上，冰碛物更少。污化的冰面上散乱地分布着一些绿茸茸的圆盘状的苔藓植物，原来这就是在我国十分罕见的冰老鼠！除了冰老鼠，还有一团团的冰跳蚤活跃在冰面的融水坑和冰面河流中。冰跳蚤一点儿也不安分，总是蹦来跳去，一跳就是一尺多高！

我们一边考察一边向冰川上游走去。大约两个小时后，抬头向前方望去，两岸的山崖之间几乎看不到天空，一道略微污化的冰壁横亘在整个谷地中央，几缕云雾像哈达一样飘在冰壁的腰间——我有生以来第一次见到了大型冰瀑布！

什么叫作"高山仰止，景行行止"？在这硕大无朋的冰瀑布下便会感受到最佳的诠释。

据当时现场估计，卡钦冰川上的冰瀑布宽约400米，垂直高差约650米。到了20世纪80年代初期，借助高精度大比例尺地形图和卫星照片，确定了这座冰瀑布顶部海拔约3600米，足部海拔约2930米，垂直高差约670

◎作者在冰川考察

米！和我们当年目测估算的仅相差20米！

卡钦冰川瀑布平均坡度约70°，仿佛一道一夫当关、万夫莫开的水晶门横在冰川消融区的中部。据地形图和卫星照片判断，卡钦冰川长约35千米，面积约151.5平方千米，主峰海拔高度约6356米，雪线海拔高度约4510米，朝向东南。它与位于西藏波密和八宿县接壤处的然乌湖源头的拉古冰川长度大致一样（拉古冰川长度约36千米），两者是西藏两条最长的特大型山谷冰川。

冰瀑布的形成机理大致分两种：一种是冰下地形使然，另一种则与冰川物质平衡动态特征相关。

山地的间断隆起，往往在一些大型谷地中会形成一个又一个跌水地形。冰流从积累区向消融区运动，经过跌水地形，便很自然地形成了冰瀑布，冰瀑布的规模也往往取决于冰下跌水地形的大小。多数冰瀑布的形成都源于此。像我国著名的海螺沟冰川冰瀑布、米堆冰川复式冰瀑布、阿扎冰川冰瀑布均属于这一类。

另一种则是基于冰流的壅塞超覆现象所形成的冰坝型瀑布。卡钦冰川瀑布便属于此种类型。在某些年份，冰川积累区承接了大量冰雪物质补给，如果冰雪物质的积累远远超出同期的消融量，则将出现有利于冰川前进的正物质平衡，大量的冰雪物质"迫不及待"地向下游谷地涌去，在谷地较狭窄的地段，冰流超覆在老的冰面上壅高、增厚，形成一定规模的冰瀑布。如果这种现象恰好与下伏谷床跌水地形复加在一起，那这种冰瀑布的规模一定会更加宏大壮观！

我国现在所发现并考察过的绝大多数冰瀑布，都发育在冰川积累区和消融区的交接过渡地带。冰瀑布上方是宽大的冰川粒雪盆，下游便进入冰川的消融区了。令人奇怪的是，卡钦冰川的冰瀑布却发育在距冰川末端以上不足10千米的地方，从谷地两侧的山崖走向及构造来看，这里既无明显的断层通过，也无明显的跌水地形发育。

后来通过多种图片资料分析证实，卡钦冰川积累区面积远大于冰舌消融区，也就是说，它可以得到超量的冰雪物质补给，而冰舌谷地又显得格外狭窄细小。所以断定卡钦冰川瀑布和许多由地形原因形成的冰瀑布并不相同，前者完全是因冰流超覆堵塞、壅高而形成的。这种冰瀑布不一定发育在冰川粒雪盆的出口地段，它可以出现在冰川中下游任何一处较狭窄的断面上。

冰川粒雪盆与冰瀑布

　　大气中的飞雪在形成之初以各种各样的形态出现，可是一旦降到冰川的表面上，为了求得自身的稳定，会随即发生圆化。在圆化的过程中，相邻的雪晶彼此粘连，互相"吞食"，最终会形成球状的粒雪。粒雪聚集在冰川积累区状如盆地的低洼处，冰川学上称这种地形为"粒雪盆"。

　　我国绝大多数冰瀑布上方是宽大的冰川粒雪盆，下游便进入冰川的消融区。细究起来，除了高原山地的快速隆起在谷地上源形成陡峻的地形之外，还有一个原因，那就是在间冰期的时候，山谷冰川后退到较高海拔地带后，以冰斗冰川的形式继续对所在的山体进行溯源、拓展侵蚀，经历漫长的冰川地质地貌作用，在谷地上源形成更宽浅的斗状地形。当冰期再次来临，这冰斗冰川便形成了新的山谷冰川的粒雪盆，粒雪盆出口以下自然便可以形成硕大的冰瀑布了。

通麦飞鼠

在青藏高原的科学考察中，随时都可能碰到一些稀奇事。其中通麦飞鼠就给我留下了极深的印象。

通麦，是西藏波密县的一个名不见经传的小地方，但是在西藏的川藏公路上却是一个十分重要的去处。

通麦是雅鲁藏布大峡谷顶端支流——帕隆藏布大峡谷的两条二级支流汇合的地方。从西边来的一条支流叫作易贡藏布，从东边来的一条与帕隆藏布同名。由于地质构造的原因，这两条水量十分丰富的支流虽然源头相距甚远，却神奇地展露在同一条直线上。

记得20世纪80年代末，冰川冻土所一名姓吴的司机驾驶着汽车沿易贡藏布江边的公路驶向通麦，再沿帕隆藏布江边的川藏公路向波密方向行驶时，误以为一直在同一条江边行驶。看着两岸山坡上葱茏的原始森林，他

◎世界第三大峡谷——帕隆藏布大峡谷（局部）

轻松地告诉我："这一路走来，海拔越来越低，森林越来越密，感觉好极了！"原来小吴误将帕隆藏布江当成易贡藏布江的下游了。当我告诉他这是两条江源相反的河流，并且在通麦汇合后都向南流进帕隆藏布江主流时，小吴不信，还找了一段靠江边的公路停下车来观察。当目睹了江水的流向后，他才不得不承认他正在向海拔较高的帕隆藏布的上游——波密方向进发呢。

◎冰川附近的原始森林

川藏公路自20世纪50年代初通车以来，经常有塌方、滑坡、洪水和泥石流等山地自然灾害导致的交通阻断。而其中多数大型和特大型灾害都发生在波密—鲁朗一线。在帕隆藏布江下游，汇入的另一条支流东久河边上，有一个乡镇叫鲁朗。通麦就处在川藏公路波密到鲁朗段的中间位置上。令人称绝的是，尽管前有迫龙沟的冰川泥石流、东久大滑坡，后有古乡冰川泥石流、102道班大

◎米堆冰川冰面河

滑坡，甚至有易贡藏布江的易贡湖泥石流洪水大溃坝，帕隆藏布江上游的米堆冰湖的溃堤大洪水，然而通麦这地方却总是"任凭风浪起，稳坐钓鱼台"，从未发生过大的山地自然灾害，究其原因有三。

第一，因为这里正处于念青唐古拉山的东南山麓，一条北西西—南东东的构造线沿着易贡藏布江、帕隆藏布江向波密—然乌一线延伸过去，而通麦正好有一处侵入花岗岩体向南突兀而出，像一块地盾似的矗立在两江交汇处。

第二，在倒数第二次大冰期时，波斗藏布江流域的大冰流曾经抵达通麦一带，在这里遗留下了大量的第四纪古冰川沉积物，经过十几万年的挤压密实、胶结硬化，形成了良好的工程地质基础。

第三，通麦处于两江交汇处，来自两大支流的水流汇入主谷后，那汹涌澎湃的水能在更宽阔的主谷之中得到更加自由的宣泄，反倒使通麦这块台地成为一处理想的"避风港"。

当年川藏公路的设计大师们独具慧眼，不仅在这里修建了运输站，还将川藏公路的一个机械化养护站也建在这里。后来，兵站、通信站，还有西藏自治区的汽车驾驶学校也先后在这里建立。

1976年秋天，就在我们从帕隆藏布江考察完毕向察隅县阿扎冰川转移途中，李先生说想再去易贡湖畔补充收集一些相关的地质环境资料，同时去看看易贡农场的一些老朋友。

就在我们去易贡途经通麦时，前方不远处又发生了几处山体滑坡。好在灾害规模不大，机械化工程队的同志告诉我们最多半天就可以推平通车。尽管如此，通麦还是被波密方向赶过来的车辆和旅客挤得水泄不通。闲来无事，司机大杨开着解放牌大卡车拉着我们在通麦附近考察古冰川地貌。令人想不到的是，在这次通麦的短暂考察中，我们收获了一只飞鼠。

正当我们的汽车驶向通麦大桥的转弯处时，一只"鸟"突然从公路北侧山坡上的青冈树林飞出，直落在汽车前方三五米远的公路路面上。司机大杨鸣了几声喇叭，想吓走它。谁知那只"鸟"只是扑腾了几下，却没有再飞起逃走的意思。大杨只好踩住刹车，李先生和杨锡金老师跳下汽车上前查看，只见那只"鸟"伸展开肉乎乎的"翅膀"，朝公路前方滑行了几米又停了下来。

这时，坐在车厢里面的我和小单，还有牟昀志老师也跳下了汽车。走近一看，这只"鸟"虽然长着一双"翅膀"，但头、嘴却与鼠类差不多，而且嘴中还不时龇出尖尖的牙齿。再看那一双"翅膀"的两端，分明还长出一双锋利的指爪，而且"翅膀"和身体之间还连着一层半透明的肉膜。更令人疑惑的是这只"鸟"有毛无羽，从它扑腾的样儿和刚才从山坡树木中斜斜滑下的状况分

◎冰川附近的原始森林

析，它只能自上而下滑翔，却不能从下向上展翅而飞。

　　一时之间，我们这些搞冰川的科学工作者被这只似鸟非鸟、似兽非兽的动物弄得手足无措。不过，"青藏队"是一支综合考察队，有地质、水文、冰川、植物、动物、微生物等几十个不同专业的人才。综合考察队有一个不成文的约定，那就是互通情报、资料共享。要是碰到一些感觉奇特的现象和动植物种类，不论你是哪种专业的，都有义务也有责任帮助收集资料、采集标本。因为20世纪70年代那次青藏科考是对青藏高原有史以来第一次大型的多学科、多专业的综合科学考察，当时对青藏高原的科学研究几乎是一片空白。每一条冰川，每一条河流，每一种植物，每一种动物，甚至每一种菌蘑都称得上是研究区域分布及特征的第一手资料。既然今天偶然见到这种我们以前从来没见过的"怪物"，那我们一定要捕捉到它，因为其可能会对冰川地区动物种群研究有重要的价值。

　　正当我们几个人从不同方向包抄这只"怪物"时，突然"怪物"拉出了一堆大小似豌豆的黑色粪粒。这些粪粒引起了单永翔的兴趣，只见他掏出手绢，迅速去拾取那些并无粪便臭气却有一种药物气味儿的黑色小圆蛋。

他的这一举动立刻提醒了在场所有的人，原来我们所见到的是一只飞鼠。

飞鼠排泄的粪便极具药用价值，在中药、藏药中被称为"五灵脂"。其实飞鼠的学名叫作鼯鼠，它是一种典型的树栖类啮齿类动物，与松鼠科动物有很近的亲缘关系。不同之处在于飞鼠的前后肢有一道皮褶相连，皮褶上生长着一层软软的细毛，这就是具有滑翔作用的"飞膜"。当它爬到树上或山坡高处时，将四肢向体侧伸出，展开飞膜，就可以像鸟那样在空中向下、往远处滑翔（却不能像鸟那样主动向更高的地方飞翔）。这也是"飞鼠"一名得来的缘由。

据动物学家研究，全世界现存各类飞鼠共有15属约42种，我国有7属16种，其中有3种为我国所特有，它们是复齿鼯鼠、沟牙鼯鼠和低泡飞鼠。飞鼠多分布在亚洲东南部的热带和亚热带森林中，只有少数几种出没在亚欧大陆的北部和北美洲温带与寒温带的森林中。

我们在通麦所见到的飞鼠体长约30厘米，头圆吻短，眼大而圆，头顶和颊部的毛发呈灰色，耳朵基部有一道细长的黑毛，耳朵的外缘呈橘黄色，体背、足背和耳背的毛为黄褐色，但其毛发的基部呈深灰色，腹部呈灰黄色，"飞膜"外缘毛色棕红。飞鼠的尾巴形状扁平，比较长，约20厘米，尾毛蓬松。当有人进攻它时，它的尾巴会高高地弓起，尾毛倒竖，除了尖利的牙齿，仿佛将大部分愤怒都集中到了弓起的尾巴上。后来我们就其上述特征请教有关动物学家，他们认定这类飞鼠属于复齿鼯鼠。复齿鼯鼠仅见于我国的河北、山西、陕西、湖北、四川、云南和西藏的东南部。它们常年栖息在长有松树、柏树和青冈树的山林中，住在陡壁的石洞里；窝如鸟巢，巢内铺着一层层细枝和草叶；夜间和晨昏活动。这只复齿鼯鼠白天外出，大概与这两天通麦堵车，人多、声高、音杂，从而受到惊吓有关。

后来在易贡，当地猎人告诉我们飞鼠在易贡湖两岸的山林中也多有出没。它们以吃松柏树叶为主，尤其喜欢松果、柏子和青冈栗子。

《西藏中草药志》对这种飞鼠有详细介绍，尤其说到了其粪便"五灵脂"的药用价值，即用香醋将其拌浸、焙干内服，对多种胃病具有较好的疗效。

杨老师和小单两人忙于收拾"五灵脂"粪粒，急坏了一旁的牟老师。只听牟老师呵斥道："你们这两个大笨蛋，抓住飞鼠你们还愁少了'五灵脂'！"这话倒提醒了大家：是啊！有了鸡何愁捡不到蛋呢？

终于逮着了这只可产"灵丹妙药"的宝贝飞鼠。

当天下午我们将飞鼠带到了易贡农垦团。木材加工厂的工人师傅为我们定做了一个长1米、宽50厘米、高60厘米的大木箱子。为了避免飞鼠闷死，我们还特意请木工师傅在箱子的一侧钻了三排小孔。工人师傅又从附近树林中采集了一大包飞鼠最爱吃的松果。当时我们设想考察结束后，托动物组的同志们将飞鼠送到北京动物园。一来供动物组的同志观察研究，二来养在动物园还能供游人观赏呢。

两天后，我们带着飞鼠和它的新家——漂亮的大木笼离开易贡，赴阿扎冰川考察。当翻过德姆拉山来到森林环绕的古琴兵站时，天色已晚。那里距离察隅县城吉公镇还有近100千米的行程，于是我们决定当夜就住在古琴兵站。那时去西藏考察，我们都携带有中国科学院和中国人民解放军总参谋部的大红印章公函，各地部队包括兵站只要有条件都会出面接待。

平时考察途中，到哪儿天黑，就在哪里休息，有房住房，无房搭帐篷，也有住牛圈马棚的时候。但在多数情况下，总要留两个人睡在带雨篷的卡车上。一是方便，打开行李，往鸭绒睡袋中一钻了事；再就是可以照看车上的行李物品，要知道车上装着全组人员所有的器材、仪器、食品、资料和行李呢！

可是古琴兵站的士兵们太热情了。他们腾出最好的房间、最好的床铺请我们住。晚餐还额外增加了两个炒菜，一个是罐头烧鲜菇，一个是青椒炒土豆。这里的土豆又嫩又细，又面又香。李先生破例取出两瓶队上发的北京二锅头。晚上的会餐吃得好开心啊！站长说察隅地处边境，平时来往客人少，今天见到这么多内地老乡好高兴，好幸福啊。汽车停在兵站院子里，晚上有人站岗，安全没问题。于是一夜无事，大家都舒舒服服在兵站里睡了一个好觉。

次日一早，我们都还沉在睡梦中呢，只听小单风风火火地跑进隔壁李先生的房间高声叫道："大事不好，飞鼠逃跑了！"

我们还以为小单在开玩笑呢，新做的大木笼有板有盖，而且晚上睡觉前还是我亲自上的锁，钥匙还在我身上，飞鼠怎么会跑掉呢？但看小单那神情，又不像在开玩笑。后来我们爬上汽车一看，虽然笼盖锁头如故，但笼内空空如也。

原来，我们到底不是研究动物的专家，竟然忘记了飞鼠也是鼠，是啮齿类动物。它的嘴甚至可以咬断几毫米粗的铅丝，难道还怕一个木板做的笼子？晚上车上无人看守，飞鼠大展其"啮齿"功夫，将木笼后壁啃了一个大洞，逃之夭夭了。逃跑前还没忘记将我们投放在笼底的一大饭盒松子吃得一干二净。还好，它拉下一大堆黑亮圆滑的"五灵脂"粪蛋蛋以示对我们的回报。大家嘴上不说什么，心里总是沮丧的，好不容易抓到手的宝贝竟跑了，你说气人不气人？早饭后当我们乘车向察隅县城开进时，大家都不约而同地把头伸出车篷，希望能在路边的松树上再发现飞鼠的身影。

后来在收队的时候，我们把飞鼠的故事讲给动物组的同志们听。他们一阵遗憾之后安慰我们说，虽然没捉到活的标本，但是根据我们所描述的飞鼠的特征和收集到的"五灵脂"粪便标本，可以断定这就是啮齿类动物复齿鼯鼠。

一次"冰川爆发"，高峡出平湖

　　我考察过青藏高原的许多湖泊：有原始森林围绕、现已被国家评定为AAAAA级景区的巴松措，有湖岛交错的然乌湖，有号称"天上碧玉"的羊卓雍措，有盛产硼砂矿的班戈湖，还有成千上万只藏羚羊、藏野驴、野牦牛围着湖滨逐水草而生的郭扎湖和阿克赛钦湖……这些风光旖旎的高原水域让我留下了无限留恋和回味。但最令我留恋和回味的湖泊，当数波密县的易贡湖了。

　　翻开中国河流地图，你会发现，著名高原河流雅鲁藏布江在下游的大峡谷的顶端接纳了一条叫作帕隆藏布江的大支流。帕隆藏布江在通麦接纳了两条二级支流，其中自西边流来的一条二级支流便是易贡藏布江，也就是前面多次提到过的若谷冰川、卡钦冰川融水汇流的那条河流。

易贡藏布江即使在冬天也是水声如雷，灰黄色的波涛铺天盖地从谷地深处涌出。沿江边的那些宽窄不定的只有单行道的乡间公路，时而穿过生长在冰水阶地上的浓密的马尾松林，时而依山傍水而行。当汽车靠近江岸行驶时，大家便明显地感觉凉风习习，飞溅的江水波涛使空气变得湿润而清新。

正行进间，突然，喧嚣雷鸣般的江流声几乎消失了。原来，狭窄的谷地被一个宽阔的盆地所接替，我们来到了易贡湖边。一道巨大的漫流石碛大坝横阻江流。坝外江流汹涌，坝内湖水平静如镜。湖滨的天然野木瓜树成片成林，两岸台地上的田地阡陌纵横，松林掩映下的村舍农屋鳞次栉比。更有

◎冰川上的考察仪器

◎雅鲁藏布江（局部）

那果实累累的桃树、梨树，葱茏飘香的茶园和苹果园，电线密布的水电站，机声隆隆的农机厂、水锯场，还有不少别墅式的现代化建筑，我们仿佛步入了20世纪末的"世外桃源"。

原来，易贡湖区地形封闭，海拔仅2300～2500米，本来气候环境就不错，一片新的水域出现后，更加强了这一带"西藏江南"的自然地理氛围，使这里的生态环

◎水冲转经筒

◎波密水磨房

境发生了优化演替，易贡湖区成为著名的农垦区。农垦团（后来农垦团建制取消，成立了易贡茶场）的技术人员从内地引种了许多农林作物的新品种。其中特别有名气的要数易贡的苹果和茶叶了。

易贡苹果个大皮薄，水分丰富，肉实味香，甜度适中，核小渣少。而易贡茶叶的大面积种植成功更是让中外专家惊叹不已。我国内地的茶叶种植海拔上限很少超过2000米。可是易贡的茶叶种植海拔已经达到了2500米。易贡茶叶的成功种植是一个奇迹。这奇迹的创造一半归功于科技人员和易贡各族劳动群众，另一半则应该归功于易贡湖形成的四季如春的小气候。满山、满湖滨的茶林溢青涌翠；满院、满沟的月季花、金银花飘香流彩。湖面上常常浮着一层岚烟水雾，茶山后面的支流谷地不时送来阵阵松涛。在考察间歇，坐在那现代别墅式的农场招待所的阳台上，一边品味着易贡产的"珠峰"牌黄芽极品茶，一边欣赏着易贡湖那美不胜收的景色，还真有一种乐不思蜀、宠辱皆忘的感觉呢。

此外，易贡还出产玉米、小麦，以及梨、桃、李、杏等林果作物。松茸等野生菌和天麻、贝母、三七、木瓜等中药材资源也非常丰富。易贡还有数不胜数的狗熊、牛羚、盘羊、獐、鹿、麂，以及藏马鸡、墨脱猕猴和小熊猫等野生动物。

易贡湖北岸有一座峭壁陡立的山，当地人叫铁山。用铁山矿石冶炼出的钢铁锻打成的易贡腰刀锋利无比，吹风断发，远近闻名。更让人赞叹的是，在铁山后面一座山峰的脊部附近，发育着一条色如冰雪的大理石矿脉。若遇晴天，只见那绵延一万余米的矿脉在阳光的照射和雪峰的映衬下，光彩四溢，酷似一条巨型玉龙腾飞在易贡湖的上方。

易贡还有丰富的森林资源，其中以松林和青冈林为主。易贡青冈树胸径一般都在30～50厘米，树冠浓密而且覆盖面积大，进山采药、打猎的人常常寄宿树下，既避风又避雨。一次，我们科考队一行20多人在一片青冈林下宿营，晚上睡在松软的落叶层上面。虽然半夜下起了雨，但次日醒来环顾四周，周围几百米内竟无任何积水的痕迹，篝火的余烬仍冒着淡蓝色的青烟。易贡的松树更是高大挺直，树干可超过50米，而且节疤极少。以前波密一带未通公路时，当地群众砍来松树，截下几米

©古冰川磨光面

长的树身，用斧头将树干掏空，便可当成渡河的独木舟，一次可乘坐五六人。

易贡农垦团建立的木材加工厂里，加工工具是清一色的水锯。易贡山里，只要有沟谷就有一年四季不断的山溪水。用木筒、竹筒将高处的流水引入木材加工厂，冲动水锯加工各种木材，既节省能源又不污染环境，还成了易贡农场一道亮丽独特的风景线呢。不过后来，易贡人更加明白了生态环境保护的重要意义，进行了严格的封山育林、防火防盗伐的管理，只按规定伐去那些即将自然死亡的半枯林木作为必要的建材和生活用柴，水锯厂自然就停业关门了。

最奇的是，这"世外桃源"易贡湖的历史却不足百年。大约在20世纪初，藏历1902年的七八月间，在连续几个晴天之后，位于易贡藏布江北岸的扎木弄沟内河水突然断流。似乎预感到有不测事件将会突然降临，一时之间，猴群不见了，飞鸟绝迹了，连那平时此起彼伏的蝉鸣声也没有了，农家的鸡不鸣了，犬不吠了，空气都像是被一种无形的力量凝固了似的！这种现象一直持续了15天。在这让人心焦的15天中，当地老百姓不知道发生了什么事，更不知道将会发生什么事。

终于在一天下午，伴着天崩地裂、震耳欲聋的响声，一场罕见的特大泥石流冲出山口。大地颤抖，群山怒吼，空气中充斥着因泥石流中漂砾巨石的碰撞而产生的浓烈的生石灰味。近60米高的泥石流"龙头"吞没了沿途的森林、牧场、良田和村庄。声势之浩大，数万米之外都可以听到声响，感觉到震动。当时，一个叫甲宗村的村子附近，7个上山打猎的农民正要驱马过沟时，不幸连人带马被吞没于无情的泥石流龙头之下。

泥石流自山内冲出后直接进入了易贡藏布江，形成一道又高又厚的拦江大堤。源源不断的泥石流物质不仅横断江流，而且涌到对岸山坡上，顿时江山变容，一道长约4千米，宽1.2～2.5千米的泥石流大坝赫然矗立在易贡藏布江的中下游，并在泥石流出山口形成面积约11.6平方千米的扇形地。据推算，那次泥石流所挟带的砾石、泥沙等固体物质不下6亿立方米！自此，江水在这里不得不放慢奔流的脚步，水位被抬高了约60米，一个泥石流堰塞湖诞生了！这就是易贡湖。湖堤上游的回水一度延伸到25千米以外，被淹水域面积达50多平方千米。

◎冰川泥石流现场

　　泥石流的形成、发育和发生少不了两大因素，那就是物质源和动力源。一是需要丰富的砾石、泥沙等固态物质；二是需要必要的液态水，使得固态物质被浸润饱和。

　　具体到易贡湖的形成来说：一方面，在青藏高原外围山地，海拔2000米以上地段的深山峡谷中，一般保存着第四纪各次冰期所形成的丰富的古冰川堆积物质。这些古冰碛物加上后来漫长地质历史时期中形成的山地风化物质，为泥石流、山地滑坡、崩塌、洪水冲积等地貌形成过程提供了十分丰富的物质条件。另一方面，波密易贡处于雅鲁藏布大峡谷水汽通道的要冲，从印度洋、孟加拉湾源源不断输送来的湿热气流使这一带形成了青藏高原的高强度降水中心，年降水量可达1500～2500毫米！如此丰富的降水加上同样丰富的第四纪古冰碛物堆积，使这一带的暴雨性泥石流灾害时有发生。可是1902年这次扎木弄沟泥石流发生前夕，整个易贡藏布江流域并未有明显的降水过程，那么这次泥石流发生的动力来源是什么呢？

　　据科学家后来考察，这次泥石流的动力来源是发育在扎木弄沟源头的现代冰川。该冰川坡度比较陡，按现代冰川的国际标准分类当属悬冰川，其长度大约3000米，宽度大约5000米，上限为6300多米，末端高程约4400米。

由于久旱不雨、气温升高，冰川融化强度增大，在冰川与下伏基岩谷床之间形成了一层液态水膜。这层液态水膜好比一层润滑剂，促使冰体运动加速、断裂。断裂冰体崩塌到堆满古冰碛物质的谷地中，一方面使冰碛

◎波密则普冰川附近古冰碛丘陵

物质变得松动，另一方面由于崩塌冰体突然降落到海拔更低的谷地，阻断了山溪流水，形成山间堰塞湖。湖水溶蚀冰体，低海拔处的气温也促使这些冰体加速融化。丰富的水体浸泡着已经有些松动的古冰碛堆积物质，日积月累，当水、泥、砾石的比例达到足以向下流动的临界状态时，泥石流就发生了。随着泥石流"龙头"向下游流动，速度愈来愈快，沿途又裹挟了更多的松散物质，真是所向披靡、势不可当。

◎泥石流

如果泥石流发生在渺无人烟的蛮荒之地，我们说它仅仅是一次地貌景观的演替过程；如果泥石流在发生过程中危及人类的各种经济活动，甚至威胁到人类的生命安全，那我们就说这是一次泥石流灾害。由于形成易贡湖的那次泥石流与其上源的冰川活动密切相关，所以科学家们考察认定那是一次典型的冰川泥石流，当地群众则干脆叫它"冰川爆发"。

又一次"冰川爆发",易贡湖消失

2000年5月下旬,我有机会再赴西藏东南部考察。在川藏公路沿线休整时,想再次去易贡湖看看,那里有我多次考察中结识的老朋友呢。可是,一道"禁止通行"的命令挡住了去路。

◎藏东南冰川和森林相伴

　　原来，易贡湖出口处在4月9日傍晚8时许，发生了一场地质灾害！发生灾害的沟谷仍然是1902年那次"冰川爆发"的扎木弄沟。有消息说，这是由一次大雪崩诱发的泥石流；还有消息说，这就是一次大的雪崩。有的专家则认为，这是一次由雪崩引起的特大型滑坡。但我却坚信，这不是一般的雪崩，极可能又是一次大型冰川泥石流，是由现代冰川的快速超长运动产生的断裂冰体崩塌、堵塞和融化所触发的。

　　因为1902年的那次泥石流破坏了沟谷两岸山坡的稳定性，造成了多处新的山坡碎屑物质的滑塌。所以，这次堵坝的石碛物质中除典型的古冰川堆积物之外，还有大量的山坡碎屑物质。但不管哪种推断，这次新灾害的诱发因素都少不了冰、雪！从堤坝新增加的高度和厚度估计，这次灾害事件中，从沟谷内挟带出的泥沙砾石堆积量竟达5亿立方米！将原易贡湖堤坝猛然又推高了100多米，易贡茶园和易贡村所有农舍都被逐渐上涨的湖水所淹没。

　　位于易贡湖出口处、东北岸的扎木弄沟，流域面积为31.8平方千米。流域内现代冰川与积雪面积约3平方千米。有人曾天真地预测，1902年发生的那场特大泥石流，已将产生特大泥石流的物质基础输移殆尽，因而沟谷在相当长的地质历史时期内是不可能发生新的泥石流的。可是自然的力量常常超出人类的预期，毕竟，这是青藏高原水汽大通道的首当其冲之地，是藏东南现代冰川和第四纪古冰川强烈作用的中心所在，也是青藏高原新构造运动尤为活跃、地震活动剧烈的地区，自然地理及地貌景观的演替过程时间快、周期短。

◎藏东南冰川雨林

被堵塞的湖水水面高度以每天50厘米的速度上涨着。沙洲被淹了，岛屿被淹了，眼看着湖岸上的桦林也被淹了，连那远离岸边的藏民村寨也缓缓地淹没在了湖水之中。湖水正以波澜不惊的方式摧毁着易贡人生存的家园。那投入数千万元的茶叶加工厂，那葱绿的大片茶园，都变成了一片汪洋。

如何才能抑制易贡湖水位的上涨呢？有一个办法是靠堤坝的自然溃决。可是，超高水位的湖堤一旦溃决，将给下游带去更大的灾害。要知道，下游一万余米之外就是被誉为"金色飘带"的川藏公路啊！于是有专家建议，采取人工建渠引流的办法来解决问题。

专家的意见被前线抢险救灾指挥部采纳了。抢险部队在艰苦努力下，终于在堤坝的西南段掘出了一条导流漫水渠。上涨的湖水一旦达到漫流渠面时便会寻路而出。这样一来不仅控制了湖面水位的持续上涨，而且，夺路而下的湖水将会利用自身强大的冲击力扩大水道的空间规模，从而诱发部分新近叠加的堤坝体的溃决，恢复易贡湖原先的风貌。

然而让人始料未及的是，那冲出的湖水不仅以雷霆万钧之势摧毁了新坝，而且将旧堤也"洗劫"一空。溃坝的时间是2000年6月10日晚8时许。几天之内，那浩渺的湖水几乎宣泄一空，水域缩小到比原本的易贡河道宽不了多少的模样，不少纺锤状的河洲出现在湖面的中心地带。地方干部和湖区群众高兴极了，因为数十平方千米的、历经湖水淹没百年的大片肥沃土地终于重见天日了。不久之后，波密的朋友打电话告诉我，被易贡湖水溃决毁坏的通麦斜拉吊桥即将修复竣工，一条更平更

◎藏东南河流景观

宽的公路将通向易贡。当地政府已组成强有力的工作组，准备进入易贡地区进行恢复家园的重建扶助工作，一个全新的易贡必将出现在世人的面前。可是也有令人担心的地方，那就是，历经百年沧桑的易贡湖水域的突然消失，必然会引起新的生态环境演替效应。但愿这新的生态环境演替是一种更优良的进化效应，而不是常见于报端杂志的所谓"退化生态环境"的演替效应。

值得一提的是，在2000年易贡湖堤坝溃决的前五天，我和几个同伴还行进在其下游的雅鲁藏布江—帕隆藏布江的谷地中。要是再多待五六天，我这部书稿可能不会面世了，因为那次易贡湖的溃决，将峡谷内所有的吊桥、道路一扫而光。别说我和同伴，就连那沿途的森林和森林中的动物，也被突如其来的洪流席卷一空。

"白色死神"的巢穴

云海之下、林海之中的察隅县，是1973年和1974年"青藏队"首次来这里科学考察最早发现、认定的"西藏江南"。著名的阿扎冰川就在这里。阿扎，在那时仅是个生产队，上级单位叫木忠公社，级别相当于现在的乡。

站在木忠公社驻地的二层木楼上，向沟谷的深处望去，只见满坡绿色玉米地的尽头是原始冷杉林。透过冷杉林，隐隐约约可以看到一条似哈达又像白练般的冰流蜿蜒于崇山峻岭之间。李先生说那就是著名的阿扎冰

◎藏东南的藏家牧民

川。李先生是自1973年中国科学院青藏高原自然资源综合科学考察队组建之初就参加考察的老队员。

阿扎冰川发育在西藏东南部波密南山，是岗日嘎布山东南麓的一条大型山谷冰川，也是我国境内青藏高原末端海拔最低的一条现代冰川。阿扎冰川上限在海拔约6610米的若尼峰，末端海拔约2400米，全长约20千米。雪线海拔约4600米。

阿扎冰川自海拔约6610米的若尼峰缓缓而下，在海拔约4600米以上形成了一个形状酷似太师椅的积累区，冰川学上称之为"粒雪盆"。在我国中、低纬度的冰川积累区中见到的雪物质，都是以粒雪的形态出现的。而在南极的冰面上，由于冰面气温多在零下30℃以下，降到冰面上的雪花在较长时间内仍以清晰的六方晶系的"骸晶"形态保存。我在1987~1988年的南极科学考察中，就多次半躺在瑞穗高原的冰原上，忘情地观察过那晶莹剔透的六方冰晶的美丽形态。

阿扎冰川粒雪盆的出口以下地势陡变，长约700米的跌水地形突然出现在冰川谷地之中，冰流自上而下，也就形成了一条相对高差约700米的冰瀑布。

　　一提到瀑布，国人一定会想起诗仙李白写下的诗句："飞流直下三千尺，疑是银河落九天。"三千尺不过一千米，何况还是一种夸张的描写手法。目前考察发现，我国最大的冰瀑布发育在海螺沟冰川上，相对高度达到1080米。要是诗人李白旅居四川时向西多走几天，见到那真正高为三千尺的冰川大瀑布，不知他的笔下又该写出什么样的奇言妙语来！

◎藏东南的雪山冰峰

阿扎冰川冰瀑布悬垂在笔直的山崖上，看似静如处子，其实只要多观测一段时间，就会发现平静的表面下潜伏着诸多危机：块体滑动、断裂，冰崩，雪崩……因此，冰瀑布对于一些科学工作者、登山家或者探险旅行家来说，都是可望而不可即的地质地貌景观体。看似不声不响的冰瀑布，一旦有人走近它，说不准一场灭顶之灾就会突然降临。在珠穆朗玛峰、梅里雪山、贡嘎山、天山的博格达峰，都发生过这样的人间悲剧。一旦冰崩、雪崩发生，单凭个体的力量是无法抗拒的。且不说成百上千吨又冷又硬的冰块向人类的血肉之躯砸来，单是那排山倒海的气浪就足以让遇上它的不幸者窒息而亡。所以，有人把冰崩或者雪崩称作"白色死神"，而冰瀑布正是这些"白色死神"赖以生存的"巢穴"！

在山谷冰川系统中，冰川运动速度的差异是很大的。据观测，最大冰流速一般出现在冰瀑布这一段。阿扎冰川自然也不例外。虽然肉眼察觉不到它们在运动，但从那密布的纵横裂隙，从那破碎的冰体，从那摇摇欲坠的几近垂直的坡面，你是会感觉到那种蓄势待发的运动状

◎米堆冰川冰舌区的"弧拱构造"景观

态的。雪白的冰流在粒雪盆中流动之初还是那样缓慢，可是，仅一步之遥，冰流一旦进入冰瀑布，马上就变成了许多被纵横裂隙深深划开的菱形冰体，就像一块块雪白的豆腐悬在半空中。冰川学家把冰川的这种破碎形态叫作"冰豆腐"！

冰瀑布与冰川的"弧拱构造"

冰川科学家把从粒雪盆到冰瀑布之间的冰体运动状态叫作"伸张流"，把冰瀑布足部以下较平缓的冰面之间的冰体叫作"压缩流"。

因为上游的冰瀑布流速很快，下游平缓冰体的流速很慢，流速快的冰体便会使流速较慢的冰体发生塑性变形。这种塑性变形便在冰瀑布足部以下的冰面上形成了酷似水波的"弧拱构造"。

可以这么说，但凡有冰瀑布发育的山谷冰川上，也一定会有"弧拱构造"的景观现象出现，不过因冰温高低、塑性变形强弱等差异，有的冰川弧拱明显而典型，有的形态模糊，不够典型。

树王"雪当"传奇

　　从木忠到阿扎村只需小半天路程。前一天晚上，阿扎村村主任就听说我们考察队要到阿扎冰川去考察。这天一早，他就带着许多村民等在村前的小桥头，说什么也要请我们去村里住一两天再上冰川。村主任说，这里的嫩玉米有的可以吃了，玉米地里的南瓜、黄瓜也熟了。但时间紧任务重，我们只能婉言谢绝村主任的盛情挽留，说工作结束后一定到村里住几天。

　　1973年"青藏队"冰川组李吉均先生一行首次上阿扎冰川考察时布设在冰川上的运动、消融标杆，经历了三年的风霜，不知命运如何。如果能够对那些标志物进行重复测量，将会获得三年以来我国季风型暖性冰川运动和消融状态的宝贵的第一手资料。我们都恨不得生出一双翅膀即刻就飞上冰川呢！于是，我们怀着无限的感

◎冰川和冰川湖泊

激之情和村民们一一道别，朝着原定的宿营地——"雪当"前进。

"雪当"是当地话，即树王的意思。

阿扎冰川是一条十分典型的季风型海洋性冰川，也叫作季风型暖性冰川。因为这一类冰川的发育直接受惠于印度洋孟加拉湾的暖湿气流，冰川活动层以下的冰体常年处于零摄氏度状态。零摄氏度对于人类来说也许算得上比较低的温度了，可是对于冰体而言，却是它们的极限高温。道理很简单，一旦温度超过这一极限，冰将融化成水，不再是冰了！所以相对于诸如南极、北极冰川，青藏高原腹地以及祁连山、天山等地的大陆性冷性冰川而言，我国藏东南、横断山脉一带的冰川便被称为季风型暖性冰川。

由于季风型暖性冰川冰温高，末端海拔较低，所以它们的消融区往往可以深入原始森林环绕的谷地中。阿扎冰川自冰瀑布下部开始，两边谷地生长着郁郁葱葱的原始森林。在冰流下游两侧，竟然还生长着像大叶杨、水冬瓜杨、大叶杜鹃以及白桦、赤桦、青冈等落叶阔叶和常绿阔叶乔木群落，更令人称绝的是大片的箭竹林也凑起了热闹。我们仿佛不是行进在通往雪山冰川的山路上，倒像是在青城山或者峨眉山漫步旅游呢。

李先生、牟老师虽然三年前来过这里，而且也在"雪当"——大树王下扎过营地，可是三年以后，原来的小路已经杳无踪影，只有一条牧人小道，但也和我们的方向有别。我们必须沿着冰川的新冰期或小冰期侧碛垄走，一是沿途好观察阿扎冰川的动态变化，二是"雪当"正是位于我们要走而又找不着、看不见的"路"上。林中树木密密匝匝，上层是参天的冷杉；中层是枝干遒劲的中小乔木，如桦、杨、柳等；下层是杜鹃、沙棘；底层是乱石挡路，朽木横陈。乱石上生长着一踩就滑的地衣、苔藓，朽木上生长着木耳、蘑菇。我们都后悔没把各人的坐骑交给村主任代管，人要钻过这树林都难，更别说又高又大的边防军马了。好在前面的民工们挥刀左右开弓，将那些拦路的荆棘枝条砍

◎冰川附近的杜鹃花

断，硬是开出了一条林中小道。可是困难并没有完全解决，因为有的倒木直径一两米，人还可以钻过或爬过去，可是那些高头大马就只能绕行。就这样，地形图上不足5000米的小山路，我们却从中午一直走到傍晚。正当大家累得精疲力竭之时，牟老师像发现新大陆似的高声告诉大家："'雪当'到啦！"

我们抬头一看，一株罕见的大树矗立在队伍的前方。

"雪当"所在的地方是一个倾斜的冰碛平台。也许是树王"威慑"作用所致吧，平台上其他的树都明显地稀少而低矮，尤其是树王冠盖之下的冰碛平台，除了厚厚的松软落叶，几乎什么都没有生长。我们凭经验大致估算了一下，这树王高约80米，十来个人也围抱不住，树荫冠盖面积最少也有150平方米。塔形的树冠分了十几层，每一层都铺满了从上一层跌落下来的枯枝落叶。从树冠层间掉到地上的鸟粪、兽粪的形状来看，那上面是不少飞禽走兽的栖息之所。若隐若现的树根像蟒蛇般伸向冰碛平台的四面八方。倾斜平台的内侧依稀可见有一条羊肠小道通向山后更老、更高的古冰碛平台。

一看高度表，原来这地方海拔约2700米，已经高出阿扎冰川的末端200多米了。

一边是林涛涌动的原始森林，一边是浩浩荡荡的万年冰川，我们的营地就安扎在那树王的天然保护伞下面。

"雪当"这地方虽然没有蚂蟥，晚上睡觉也有尼龙帐篷的保护，可是白天营外活动却有防不胜防的飞虫叮咬。营地附近稍好一些，因为做饭的炊烟可以熏跑蚊虫。但稍稍远离驻地，就有一种小墨蚊黑压压地围着你，冷不丁地在你裸露的手上、腿上或脸上咬一口，直咬得你浑身发痒又无可奈何。许多同志考察结束后浑身被自己挠得血淋淋的。这次的教训倒是为后来的野外科学考察提供了经验，以后每次外出前的物资准备清单中，都少不了纱网面罩一项，当然还有防蚂蟥的长筒布袜，防蚊灵和防蛇灵等药物。尽管如临大敌般地防范，可是还有一种困难始终不好解决，那就是如厕问题。如在晴天，小墨蚊会叮得你摇头摆臀；如在雨天，墨蚊倒似乎休假了，可是一群大山蚊"闻讯"而来，尽管你左右开弓，十几分钟下来仍免不了伤痕累累、血肉模糊。

"雪当"是一棵麦吊云杉树，是松科云杉属的一种常绿乔木，树干笔直，它的叶子呈线形且扁平，因针状

◎藏东南深入森林的冰川

树叶酷似垂头的麦穗而得名麦吊。这种树喜湿、喜阴，最适合在季风型暖性冰川区的冰碛垄上面生长，树干高大，根系发达，生长速度快。麦吊云杉树在四川的贡嘎山、西藏东南部的雅鲁藏布大峡谷地区随处可见，但像阿扎冰川旁的这个树中"极品"一样高大的，似乎还未发现第二棵。它的树王封号真名不虚传呢。

古冰川冰碛物堆积垄主要由冰川搬运而来的各种冰碛砾、石、沙、泥等混杂堆积而成，砾石磨圆度极差，岩性十分复杂，孔隙度也极高。和许多河流阶地、泥石流或洪水冲积形成的扇形地相比，第四纪以来形成的冰碛地貌的土壤化程度都比较低。由于季风型暖性冰川区水热条件十分优越，处于零摄氏度状态下的冰川，在冬季相对于周围地区反而成了热源。这些热量一定程度上减弱了周围植物的"冬眠"程度，缩短了"冬眠期"。加上冰碛物是多种物质来源的混杂堆积，分解、风化后形成的土壤中含有植物所需的丰富的矿物质，所以在第四纪古冰碛堆积物上生长的原始森林，明显比非冰碛物上生长的植被茂盛得多。

不过，由于冰碛物孔隙大而多，许多乔木长到一定

◎古冰川冰砾阜

程度后，根系不稳，"头重脚轻"，会在某一天突然翻倒。这种翻倒现象在阿扎冰川两岸的原始林中随处可见。因此，举目望去，除了营地中的树王一枝独秀外，其余绝大部分乔木几乎一样粗，一样高。在冰川考察的间隙，我们几个年轻人用经纬仪和皮尺连续测量了20多棵麦吊云杉，其胸径多在40～60厘米，其高度也都在30～40米，用气候组借给我们的树木年轮钻取样初测后发现，这些树木年龄也只在250～300年。营地中这棵树王何以长得这般高大、这般粗，真是个不解之谜。我们用树木年轮钻钻取树芯，可是样钻的长度不够，从钻取到的仅有的树芯推测，这棵树王的树龄少说也有1000年。也就是说，别的树倒了又长，长了又倒，唯有这棵树一直巍然挺立，直傲苍穹，历经千年而不动摇。

刚到达时，我们发现在树王近地面的树枝上，挂放着烧水做饭用的一些锅碗瓢盆和保暖衣被，还有两个棕黄色的兽皮口袋。一个口袋中装有半袋糌粑，另一个口

◎现代冰川的构造裂隙

袋中装有一些盐、大茶（即砖茶，当地群众习惯称之为大茶）和酥油。这些物品放置在动物够不着，人可以伸手拿取的高度。刚开始，我们还以为有人正在这里驻扎，可是看大树下的灰烬，却是长时间没人来过的样子。后来向山后牧场的阿扎人一打听，才知道这是西藏东南部森林区少数民族同胞的一种自助和助人的习俗。

　　当进山狩猎或过山贩运山货的驮帮行进到某些地段

◎古冰川冰碛丘陵

时，会将随身携带的部分衣服、炊具、食品放置在一些避风、避雨而又显眼的地方，等完成任务返回时再取来使用。如此一来，既减轻了自身的负担，也为别的旅人提供一定的帮助。这些人走到另一地段时，同样可以享受到别的旅人出于同样原因留在那里的物品。由于这里各少数民族同胞民风朴实淳厚，即使在困难时也只取用暂解燃眉之急的东西，并不多拿，而且会在自己储备充裕之时，多放置一些物品在那里，所以在像树王这样大家都知晓的熟悉之地，可以看到足供十来个人生活一两天的生活必需品。我们对这种古老而纯朴的民风民俗赞叹不已。

从一根花杆看冰川运动

早饭后，冰川上的晨雾散尽了，明媚的阳光洒到了阿扎冰川上，洒进了阿扎冰川两岸的原始森林里。我们的精神好极了，巴不得一步跨到冰面上。

前一天晚饭时，李先生给大家布置的第一个任务就是，两人一组到冰川上找三年前布设在这一带的消融、运动花杆。这些花杆是用麻花钻打孔后插在冰面上的木质测量杆。当时每根花杆都用经纬仪进行了坐标定位，顶端还拴着红白两色三角测量旗。花杆长两米，钻孔1.8米多深，如果三年来冰川消融强度在两米左右，也许还能发现斜立在冰面上的花杆呢。

在营地冰碛倾斜平台正对阿扎冰川的陡坡半腰处，有一个大如房屋的冰碛漂砾。漂砾一大半深深地嵌死在古冰碛垄里，显得很稳固，这就是三年前观测冰面

花杆断面选用的经纬仪观测点位置。仪器的圆锥形悬锤定位中心点的红色油漆标记还依稀可辨。专司测量的小伙子张义放好三脚架、安装好经纬仪，只等我们发现花杆点后，他就可以按冰川测量学的要求获得一批新的科学数据。

在李吉均先生的带领下，我们两人一组排列在冰面上，拉网似的向阿扎冰川下游走去。开始的两三个小时内，我们手举着红旗，不断按事先约定的信号吹着口哨，互相联系着。可是五个小时过去了，八个小时过去了，各人携带的压缩饼干也吃完了，几个队员还在溜滑的冰面上摔了几跤，一双双新棉纱手套被冰碛石划成碎条碎片，可是到哪里去找那些花杆呢？

第一天，尽管大家累得快直不起腰来，却无功而返。

第二天，我们仍然是两人一组，从大石头上经纬仪所指明的横过冰川的断面开始，向下游慢慢地搜寻着花杆残留的蛛丝马迹。

功夫不负有心人，12点刚过，就听见有人吹响"找到了"的口哨声。几乎在同时，和我同行的战士也发现了一截仍缠着一面红白旗的花杆斜插在一个冰溶洞穹隆

◎艰苦的冰川考察

顶部的冰碛石块里。我们迫不及待地用哨音报告了发现花杆的信息。然而由于我们所处的位置太低，经纬仪无法确定残留花杆的准确位置。怎么办？我决定爬到那穹隆的顶部，尽量接近残留花杆的位置。

　　小战士看出我的意思，便不由分说地沿旁边的冰坡几步就攀到了穹隆的顶部，一边吹着哨，一边用手中的小旗指示着自己的位置。穹隆虽不高，但也有三米多，我小声地嘱咐着小战士注意安全，生怕声音大了会分散他的注意力，影响了他的平衡。正想着这事呢，突然小战士脚下一滑，一刹那，小战士像一块跌落的冰碛石，从冰洞的穹隆顶上一头栽了下来。说时迟那时快，我下意识地跨前几步，伸着双手想去托住小战士下落的身体，只觉得重重地一震，我们两人几乎同时栽进了一米多深的冰水潭中。紧接着便是一阵炒豆子般的声音。原来那是小战士滑落时引发的冰碛石的滑塌。好在栽入水潭时的冲力已把我上身大部分移到了冰洞内部，加上潭水的缓冲，我只是屁股和腿部各受了一点儿轻伤。我最担心的是小战士是否受伤，钻出水面一看，小家伙却像没事人一样，一手紧紧地捏着哨子，一手捏着小旗。

　　我们连忙走出冰水潭，也无心欣赏冰溶洞那奇特的地貌景观，快速冲出冰洞，以防还有继续滑落的石碛砸下来。这时候我们才感觉到一阵刺骨的寒冷，浑身被浸了个透，下身的线裤、毛裤，上身的线衣、毛衣和鸭绒背心都被打湿了。好在太阳很好，我们脱下身上的衣裤，互相帮助着把水拧干，铺在正对太阳的冰蘑菇石上。顿时，那些衣服上都冒起了阵阵热汽。偶一回头，发现刚才那个冰水潭中漂浮着一件什么东西。定睛再看，原来正是冰洞穹隆顶上的那截花杆。小战士说去把它拾回来，

◎作者在考察途中

好证明我们的确是发现了花杆的残体。我说什么也不让，怕他万一被随时都有可能滑落的冰碛石块砸伤。刚才那一幕的余悸还没有完全消除呢！

后来回想起来，这次之所以能化险为夷，一是该感谢那一米多深的冰水潭，要是没有冰水的缓冲，一个人从三米多高的地方直直地砸向硬硬的冰面，那后果的确不敢想象；二是由于我那下意识的"英勇"行为。我的"贡献"在于给了小战士一股推力，借着冰水的浮力，将其推向冰洞的深处，避免了其被落石砸伤。当然还归功于我们的运气好，有惊无险地躲过了一劫。

　　这一天的努力没有白费。根据各组发现的花杆遗存资料推断，阿扎冰川消融区海拔约3360米处的年运动平均距离可达270米，平均每天运动0.85米。根据物理冰川学家的研究，凡冰川年平均运动距离超过冰川宽度的1/6，便可以认定冰川运动的主要方式是底部滑动。阿扎冰川消融区冰舌平均宽度约1000米，这足以说明阿扎

◎艰难而愉悦的考察之路

冰川的主要运动方式就是底部滑动。但从花杆被折成几段的现象分析，阿扎冰川也同时存在冰层之间的相互运动，这正是季风型暖性冰川的运动特征。

后来，根据短时间内对阿扎冰川运动速度的观测和计算分析，我们发现阿扎冰川消融区最大运动速度达每天1.38米，年运动距离达438米。相关数据显示，冰瀑布上方的运动速度一般可以达到冰瀑布足部运动速度的10倍。据此可以推断，阿扎冰川运动速度最快的冰瀑布顶部，其运动速度可以达到每年4000米以上。对于河流而言，这一流速慢得不可思议，可是对于固态的冰川而言，这一运动速度无疑像在向前飞奔了！要知道，我国珠穆朗玛峰北坡的绒布冰川最大年运动距离才117米。祁连山和天山冰川的年运动距离更短，仅在10～50米呢。

冰川的生命线

阿扎冰川在青藏高原研究中具有比较特殊的地位。它不仅以冰川末端下伸低而堪称青藏高原之最，而且它的雪线海拔仅有约4500米，是在青藏高原上所发现的大型山谷冰川中雪线位置较低的。

作为一名冰川科学工作者，我愿意不厌其烦地讲述冰川的雪线，因为雪线是冰川的生命线。

在普通人的心目中，所谓雪线，大概就是一场大雪之后，可以看到的大致整齐划一、黑白分明的界线横亘在山体的某个部位，但这只是一条天气性的积雪变化界线而已。

对于现代冰川而言，雪线以上是冰川的物质积累补给区。补给区的积雪在积累、运动的过程中逐渐变成粒雪、粒雪冰以至冰川冰，再越过雪线，在冰川谷地中形成一条长长的冰舌。雪线以下的冰舌以消融为主，因此被称为冰川的消融区。这样的雪线一定只会在冰川本身的某个部位通过，好比一个人的腰只能长在人体髋骨以上的部位一样。例如阿扎冰川的末端海拔约为2500米，积累区最高点海拔约为6610米，雪线则在海拔约4500米处。显然，某些媒体报道中"在雪线以上的地区发育着××冰川"的说法就不科学了。

事实上，冰川的雪线也难以用一条"黑白分明"的界线去描述。因为冰川上也会下雪，下的雪也要自海拔低的

◎冰川积累区

地带逐渐向海拔高的地带融化，只是到了某一个高度后，积雪的融化速度被大大降低，而这个高度又随一年四季的变化而变化！所以，冰川的雪线得用至少一年的时间尺度去表述它才行。也就是说，如果在冰川的某个高度，一年的降雪量正好等于它一年的融化量，那么这个高度就是冰川的雪线。在这个高度以上，一年的降雪量融化不完，剩下的积雪逐渐变成冰，这就是冰川的物质补给来源；在这个高度以下，不但一年的降雪量可以融化完，而且还能融化掉一部分由积累区流下来的冰川冰。

一条现代冰川冰体的消融，与气温的升降、太阳辐射的强弱、周围小气候环境的变化，以及地球大环境趋势的演替都有十分密切的关系。可以说，自然界中再也找不出像冰、水、汽这种与气候环境变化关系如此密切的物质了。而且这种物质和人类生活的关系又那么密切。在标准大气压下，一旦超过0℃时，纯净的冰即融化成水；100℃时，纯净的水会变为蒸汽。而这一温度区间对人类来说，在生活中是天天都可以感受到的，仅从这一点出发，就能看出冰川研究的理论价值和在生产生活应用方面的重要作用。

·小·知识

冰川的积累区和消融区

任何冰川，包括南极、北极的冰川，都必然由积累区和消融区两部分组成。在我国中纬度地区，高山地段的降雪大多数被保留下来。雪层沉积到一定厚度后，在重力作用下，一方面密实化、冻结，一方面缓慢地向谷地下游运动。在此过程中，雪层变成了冰川冰，到了海拔低、气温高的下游，冰川冰发生一定规模的消融并形成河流。

科学家们把某一高度以上以固态积雪为主的地段称为冰川的积累区，把某一高度以下以液态降水和冰体消融为主的地段称为消融区。它们中间的某一高度，也就是过渡平衡线，则被称作冰川的雪线。

雨中营地的山珍美味

几个晴天之后又是秋雨连绵的坏天气。阿扎冰川区一下起雨来就满谷的雾、满山的云，能见度极低。好在树王下面是我们最好的"避风港"，我们在此整理笔记，给标本编号，打扑克休闲，改善伙食等。

改善伙食无非是多开两听罐头。那时考察用的多是从部队购进的军用食品，罐头都是同一规格、同一尺寸，没有明确的品牌标识。明明想吃鱼罐头，打开的却是猪排骨。主管后勤的同志经过仔细地辨别后，发现每种罐头顶部都有不同的英文和数码标志，比如红烧猪肉罐头标有"JG8"字样。由于存储时间太长，加上考察时长途奔波，有些罐头就会发生变质、霉腐。起初我们并不知道哪些罐头是好的，哪些罐头坏了不能吃。只管打开后往锅里一倒，等吃完饭闹肚子的时候已经晚了。后来我们发现，霉变的罐头两端的铁皮会变形鼓起，一按一个响。原来食物发霉会产生二氧化碳气体，气体的压力会使罐头铁皮变形。自此，我们终于有了识别变质罐头的方法。

营地附近的杉林中还杂生着一些桦树，有白桦也有赤桦，也能见到一些青冈树，青冈树极粗大。以前只知道青冈树上长木耳，在西藏东南部暖性冰川区，除了倒伏腐败的青冈树上生长木耳之外，在桦树、杉树上也能见到木耳。青冈树上多生黑木耳，桦树和杉树上多生黄木耳。木耳无毒，我们见木耳就摘。采蘑菇就要小心了，除了采摘与生物组在一起的时候学会辨识的几种能吃的蘑菇外，其他蘑菇我们也只能眼睁睁地放过。

一天，下雨下得人心烦，打了几圈扑克也觉得没有意思，江勇便提议大家去林中采木耳和蘑菇。我和李先生都是"只采木耳派"，江勇说木耳不好吃，还是蘑菇香。不到两个小时我们都满载而归。几塑料桶的木耳吃三五顿是没什么问题的。江勇除采了一桶木耳外，还包了一雨衣蘑菇回来。有几种蘑菇我们以前吃过，没什么安全问题，可是有几种蘑菇却引起了大家的争议，其中对一种白中带黄的蘑菇争议最大。这种蘑菇的形状似扫帚，也像海中的珊瑚，还像动物的脑髓。牟老师说这就是猴头菌，是菌中珍品。江勇说他问过后山牧场的阿佳拉，这菌肯定能吃。其他几种形态可爱、色彩很美丽的蘑菇，我硬是说服大家把它们从锅里扔了出去。木耳炖稀饭、蘑菇烧罐头自然够得上山珍佳肴了。午饭还没开呢，只听见营地的上游方向不远处轰然一声响。接着一阵嗡嗡嗡的鸣叫声由远而近，我们就看见一群黑压压的蜜蜂擦着营地边缘向下游飞去。几个民工不知说了句什么，就见江勇披上雨衣，提着上山装菜的大麻袋，和几个民工朝刚才发出轰响的方向走去。

原来是一棵冷杉树因为扎在冰碛土中的根系承受不住自身的重量倒下了，刚好那上面有一个直径约60厘米的大蜂包。不到半个小时，江勇他们就回来了。一个民工肩上扛着装有蜂包的大麻袋，江勇一只手捂着半边脸，那表情不知是哭还是笑。他和几个民工在摘蜂包的时候，手上和脸上都被"死守家园"的蜜蜂蜇伤了。我们忙给他们挤毒上药，可江勇说还是先看看那蜂巢中到底有多少蜂蜜吧，说不定能倒出十斤八斤呢。怕残存的蜜蜂再伤人，我们找来几把干树枝，点燃后又弄灭，好让浓浓的柴烟熏跑这些可怜的蜜蜂。劈开蜂巢，还真倒出了一大盆野蜂蜜。

虽然吃到了可口的野蜂蜜，可是那些失去了家园的蜜蜂们将如何生存呢？眼看秋天即将过去，冬天就要到来。想到这里，心里多少有些惆怅。不过阿扎村的村主任后来告诉我们说，工蜂们的寿命本来就只有几个月的时间，到秋天，它们在完成采花酿蜜的任务后都会相继死去，况且在蜂王与雄蜂交配产卵孵化出新的蜂群后都要分群。在分群以前，负责侦察任务的侦察蜂早已在别的地方选建了新的蜂巢。在蜂王的率领下，分群的蜂将飞赴它们的新居。村主任说，大树连根翻起、倒伏后，蜂群受到惊吓，十有八九移住新居了。不过，要是新居太小，不能容纳全部蜂群的话，一部分蜂还会原路返回旧巢。

后来，当我们路过那株倒了的树时，果然发现一些蜜蜂嗡嗡地围着已被我们破坏殆尽的蜂巢残根飞来飞去。我们当即远离那棵树，绕道而行，实在不忍心再去惊吓它们。

那几天的伙食实在太好了，只是每次饭后我们都隐隐地觉着肚子有些疼，有人说是野蜂蜜没有炼制，里面有些杂质会引起胃不舒服；有人说是扔掉的有毒蘑菇曾经和其他蘑菇一起在锅里煮了几十分钟，我们都有些慢性中毒。但无论怎么说，那些天大家都大饱口福，虽有小疾，但最终并没有一人倒下。后来回到昌都见到生物组的同志一问，他们告诉我们那是所谓的猴头菌导致的后果。

原来江勇那次采到的真是叫猴头菌的野生蘑菇。这种蘑菇吃起来很香，大部分成分对人体都很有好处，但有微毒，具体反应就是过量食用会引起胃部过度蠕动而产生隐隐作痛的感觉，但绝无大碍，更不会有生命危险。

这一次雨下得时间有点长。阿扎村村主任怕我们断粮断菜，亲自带着三个人送来了许多新鲜的嫩玉米棒子，还有十几个大南瓜和两大筐水灵新鲜的黄瓜。新鲜的嫩玉米棒子烤熟后香甜可口，我从记事时起就喜欢吃，尤其是放在柴火旁烤，烤熟了，将火灰吹去，便能闻到一股浓浓的甜甜的清香味。家乡大巴山有"苞谷出来像牯牛"的说法，就是说玉米的营养好，吃了就可以变得像牯牛那样健壮有力。

冰老鼠

零摄氏度，对人类而言是低温，对许多微生物、低等动植物而言，却是理想的生存温度。除了某些参考文献上所列举的"彩色雪藻"我没有在我国的季风型暖性山谷冰川上发现过之外，类似冰蚯蚓、冰跳蚤、冰老鼠，我都曾经在多数大型暖性山谷冰川消融区见到过。

冰老鼠不是动物，而是一种高山苔藓在现代冰面上的一种特殊的生态景观，因其个体浑圆而且周身"披毛"，酷似匍匐在冰面上的老鼠而得名。

阿扎冰川是我国最早发现有冰老鼠分布的现代冰川。在这次考察中，我饶有兴趣地观察过这些有趣的冰川苔藓植物。

从外表看，冰老鼠无根无须，周身被绒毛状苔藓植物所覆盖。那么，它们是如何在冰川表面上生存、发育

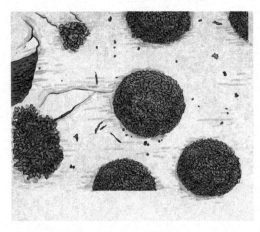

◎冰川苔藓冰老鼠

的呢？原来，在它们的"腹部"有一小团细砾泥沙黏土之类的物质，这大约就是它们赖以扎根生存的主要物质基础吧。这些有趣的家伙主要生长在零星表碛之间的冰面上。这是因为它们不仅需要表碛提供丰富的矿物质等营养成分，而且还需要直接从冰面上吸取冰融水以保持个体的生存活力。似乎多数的苔藓类植物都不惧怕低温，却需要相当湿润的水分环境。

分布在表碛区上游的冰老鼠个体都很小，形态也不完整。大多数只有鸡蛋大小，有的其实就是一块拇指大小的沙粒团，仔细察看才能发现上面有些绒毛状的绿色苔藓细丝。越向下游，冰老鼠的个体越大，形态也越趋完整。

阿扎冰川上的冰老鼠的最大个体直径可达30厘米。它们的生长发育过程与冰川的动态变化有十分密切的关系。一方面，这些附有苔藓的细砾泥沙黏土团在雨水和冰融水的冲流中发生滚动；另一方面，冰川本身的运动也可以使这些不"本分"的冰川生物产生自上而下缓慢的滚动式大迁移。正是在这种缓慢的滚动迁移中，这些长有绒毛状苔藓的细砾泥沙黏土团才得以在各个方向受到阳光的照射，有利于植物的光合作用，因此便形成了冰川高山苔藓的这种绒毛披其外、根须生长于"腹腔"内的特殊生长方式。

高山苔藓沿途吸收新的营养成分，个体也越长越大。但大到一定程度时，与冰川表面的接触面增大至使它不再发生滚动的稳定程度，它的滚动便停止了。我们考察到阿扎冰川消融区的下游表碛区时，发现这些冰老鼠一反"活泼可爱"的常态，个个"面目枯焦"，散乱地分布在冰碛石块之间，有的已经腐败，有的则被冰面河水冲得支离破碎。究其原因，正应了那句"生命在于运动"的格言。当冰老鼠的体积大到不能发生滚动之后，被裹在"腹"内的苔藓根系再也不能像在滚动中那样"随心所欲"地获得丰富的水分和营养物质，时间一长，体内营养消耗殆尽，冰老鼠即枯黄萎缩，变质腐烂，生命周期就此完结。

　　冰老鼠的生长发育不仅反映出暖性山谷冰川的运动过程，而且一定程度上还证明了该类冰川具有温暖湿润的水热状况。我们已将冰老鼠列为界定季风型暖性冰川的生态环境标志之一。

从一截朽木看“雪当冰进”

在阿扎冰川的最后一个星期，我们还有两个重要任务必须完成：一个是在第四纪古冰碛物里找到能够通过放射性同位素碳-14测定冰川各次前进的朽木标本；还有一个就是再次考察冰川末端变化，并确定当时末端的相对位置，以备后来者考察时对比阿扎冰川末端的进退变化状态。

研究冰川的专家常常在第四纪古冰碛物中寻找一些残留的树木碎片等有机物质，并对它们进行放射性同位素碳-14的年代测定，以确定冰川明确的前进年代。

在生有大片原始森林的季风型暖性冰川区，每当气温上升、气候变暖，冰川随即发生后退，在这一过程中便形成了新的冰川后退迹地。在这些新形成的土地上植物群落也开始了新的演替过程。最初，黄芪、菊花等草本植物在冰川迹地上生长，发育；后来，杜鹃、蔷薇等植物进入；再过几年，其将被杨、柳等一些中小乔木取而代之；最后，一些大型乔木如杉、松、柏相继侵入。最终完成冰川后退迹地上的顶级植物群落的演替过程。

　　然而事物的变化并不总是周而复始地单纯轮回。当冰川迹地上的植物群落完成其顶级演替过程后，也许气候环境正酝酿着一次新的冷湿变化过程，冰川则孕育着一次新的前进状态。

　　新的冰川前进，势必将沿途的生物尽数摧毁并压倒在冰下。其中大部分生物残体随着冰川的消融逐渐被排出冰外，并被冰川融水冲得无影无踪，而极少部分的生物残体则被永久地埋入冰下。

　　当下一个暖冰期来临，冰川退缩，那些被遗留下来的生物残体，便和冰川后退时遗留、堆积下来的冰碛物一起，形成第四纪古冰川堆积景观地貌。就是凭这些特征鲜明的古冰川堆积地貌，我们得以确认在某个地质历史时期冰川作用的形态和规模。

　　要弄清楚第四纪古冰碛地貌形成的确切年代，比较好的方法就是利用遗留在冰碛地貌中的生物残体，尤其是树木残体，测定放射性同位素碳-14的含量。碳-14测量可以确定冰川区1000年以上时间段的环境变化状况。

可是，要在冰碛物上发现一块被埋藏几千乃至几万年的树木残体，也并非轻而易举的事情。冰川区常见的往往是三种颜色的自然体：白色的冰流、绿色的森林、灰黄色的冰碛。朽木残体被埋藏在灰黄色冰碛物之中，两者颜色没有太明显的区别。只要一块石头或一株灌丛挡住你的视线，便会让你与其失之交臂。所以野外科学考察，我们往往寄希望于"踏破铁鞋无觅处，得来全不费工夫"的某种巧遇。

我们拉网式地搜索着冰川侧碛陡坎上的每一处"疑点"。许多次，我都被一些突然变换的冰碛颜色所吸引，可仔细一看，那只不过是被过度氧化了的冰碛石而已。

一天，大家正忙着寻觅哪里会有碳-14的朽木标本呢，只听见顽皮的江勇怪声怪气的腔调："野鸡队，野鸡队，专打野鸡……"大家不由得哄然大笑起来。一阵笑声刚停，就听见哗啦啦一阵响声，只见一股沙土烟尘从高高的侧碛堤上落下来，原来是有几只羽翅十分漂亮的藏马鸡蹒跚地从冰碛堤上走过。

当烟尘散去，大家几乎同时发现在藏马鸡经过的地方赫然伸出了一大截树干残体。树干的一端深深地斜插进冰碛层中，好在我们都随身带有冰镐、小刀和铁锤。这一段侧碛堤不算很陡，兰州大学地理系的冯兆东同学自告奋勇爬到冰碛堤上，只用了十几分钟，一大包用来测定碳-14的标本就采集完毕。

这次采样的意义非同小可。后来，借助这个标本，中国科学院贵阳地球化学研究所测定了年代，从而确定了我国季风型暖性冰川区自新冰期以来气候环境的演替序列：

距今约12000年以前，地质史上的"新仙女木"事件之后，地球持续升温，许多冰川融化、后退，西伯利亚、北欧、北美等地的大面积冰川退缩迹地上，逐渐生长出大片原始森林。人类在这温暖气候中，走出了山洞，奠定了走进近代文明的坚实基础。

距今约3000年前，也就是我们在阿扎冰川上发现的碳-14朽木标本所指示的时间（2980±150年前），地球再次变冷。虽然并不如第四纪中那几次大的冰期那样寒冷，但是诸如中国的大、小兴安岭和秦岭太白山都出现了一些小型冰斗冰川，中国西部高山地区的冰川重新扩大，冰舌前进下伸。冰川学家将这次冰进事件称为新冰期。因为中国境内的这次冰进，碳-14标本证据是在阿扎冰川的"雪当"附近发现的，所以我们把它定名为新冰期"雪当冰进"。

"雪当冰进"时，阿扎冰川的厚度比现在厚200米以上，长度多出约1500米！

◎现代冰川与冰川湖泊

　　"雪当冰进"延续到距今约1500年以前。之后中国的气候又持续变暖，阿扎冰川重新后退。可是到了17世纪初叶，地球进入了一个新的小冷期（也就是中国冰川学家所称的小冰期），阿扎冰川再一次增厚、变长。小冰期的这种变化在19世纪末、20世纪初达到最高峰。

　　1933年，英国植物学家华金栋不仅拍摄了当时阿扎冰川的动态变化状况，而且还在一篇发表在英国《地理学报》上的文章中明确写道："阿扎冰川冰舌末端在冰面上有三道环形终碛。它们是两道侧碛分化出

◎阿扎冰川（局部）

来的。每一道侧碛分出三道冰碛，双双在冰舌前会合，从而形成环形冰碛，其顶端指向下游。"按照华金栋所示，我们发现自1933年到1973年，阿扎冰川后退了约700米。在冰体后退的冰碛上，生长着胸径30～40厘米粗的沙棘和杨树，树龄多在40年左右，与华金栋所述十分吻合。

根据1973年到1976年的考察测量，阿扎冰川又后退了约195米，平均每年后退65米。到1980年我再去阿扎冰川时，发现其末端又后退了约100米。

小·知识

【小知识】放射性同位素碳-14

碳-14是自然界中碳元素的三种同位素之一，具有放射性。碳-14能够随着生物体的吸收代谢，经过食物链，进入动物或人体等一切生物体中。

碳-14同位素在生物活体中的含量基本上是一个常量，但当生命个体死亡后，残骸中的碳-14同位素随即以一个固定的半衰期发生衰变。只要测定出样品中碳－14的含量，通过其半衰期反演，即可得出该样品从其最初死亡到被采集之间的时间长度，于是也就可以得出冰川前进时的比较准确的时间。因此，科学家们称碳－14为"碳钟"。

科考旅途的特色吃住

　　冰川组还有最后一项考察任务——远征布加雪山，对其南坡的坡戈冰川进行科学考察。

　　考察路线是从昌都出发，沿黑（河）昌（都）公路，经类乌齐、丁青和八达松多，进入坡戈冰川。昌都在藏语中的发音是"恰木多"，也就是两江汇合的意思。那两条支流分别叫扎曲和昂曲，在昌都合流为著名的澜沧江。

　　丁青是昌都地区当时一个比较大的县。当晚我们所住的县政府招待所正在扩建，我们打地铺的房间还没有安装门。好在当地的民风是夜不闭户、路不拾遗。每到一地，干部、群众对我们科学考察队都十分敬重，我们从来都没有为可能丢失东西而担心过。

　　县办公室的一名干部送来一只大绵羊和一筐又白

又大又水灵的圆萝卜。这种高原产的萝卜当地叫"圆根"，可生吃，也可配肥羊清炖，在秋冬季节吃了能抵御风寒，不易感冒。当地干部说接到气象站预报，近两天寒潮将至，要降温，可能有暴风雪，新鲜羊肉比罐头食品滋补。那干部还说，考察队来县上也没啥招待的，就平价卖只羊给我们，萝卜也免费送了。李先生让管伙食的牟老师取出20元钱。干部说这是平价羊，只收10元钱就行了。

当天晚上，我们用高压锅做了满满一大锅羊肉炖萝卜，揭开锅盖，一股香喷喷的味道扑面而来。我们请县里干部一同吃晚饭，可是他说什么也不同意，说自己不能多吃多占搞腐败。县气象站一个年轻同志告诉我们，丁青县干部的廉洁奉公作风是有传统的。

9月下旬的昌都高原比内地的冬天还要冷。不过当天晚上肥羊肉下肚，我们都觉得那一夜特别暖和。厚厚的鸭绒睡袋将身体散发出的热量聚集起来，形成了比夏天还热的"小气候"，一夜的熟睡，一夜的热汗。早上起来，大家都说这顿羊肉炖萝卜最少要解一个星期的馋呢。

丁青县城到坡戈冰川的距离不足200千米，可是由于汽车一会儿气堵，一会儿水箱"开锅"，轮胎还爆了好几次，所以当行驶到一条小河边的时候，天完全黑下来了。

高原考察中汽车气堵、水箱"开锅"是常事，发生这样的故障后只需停车休息一会儿，给水箱加上几桶冷水就可以继续行驶。最令人防不胜防而且颇为麻烦的则是汽车轮胎出问题。海拔一高，轮胎内外压力差明显增大，遇到铁钉、玻璃碴甚至一些带有尖角的石块，轮胎就容易爆裂。要是在低海拔的地方，大家七手八脚，拧螺帽，补轮胎，最多半个小时就完事。可是在海拔4000多米的高原上，坐在房子里还喘粗气呢，何况还要下劲儿出力！每换一次轮胎，都让人头昏脑涨，眼发花，所以大家心里都是默默念叨着期盼轮胎好好的，哪怕前进速度慢一点儿，也比走走停停好。高原上补胎换胎总得要一两个小时。那天补了两回胎，走了不到150千米，天就黑下来了。

天上乌云四合，霎时间，刚刚还看得见的西边群山与天穹之间的晚霞已被厚重的黑幕遮挡得不知去向。我们只好停下来安营扎寨。

前段时间的考察主要是在藏东南的中低海拔的森

林区，海拔不高，植被繁茂，空气湿润。按现今的说法，那里的负氧离子比较充足，因此谈不上什么高原反应。可是这次的昌都—丁青之行全在高原之上行车，植被稀少，海拔又高——一路上的平均海拔都在4000米以上。

阳光、水和空气是生命存在的三大要素。对人类而言，空气中的氧气甚至比阳光和水更为重要。一天没水喝，两天不见太阳，对人类来说还是可以忍受的事，可是几分钟不吸氧，人就要窒息而亡。要是氧气突然减少，就会头疼，恶心，吃不下，睡不好，烦躁不安，这就是缺氧反应。高原反应实质上就是缺氧反应。

那么，到底什么海拔高度才是人类有高原反应的初始高度呢？近30年的青藏高原考察实践告诉我，这一高度大约在海拔3500米。

从丁青县城到八达松多一带海拔超过4000米，对于我们这些刚从"西藏的江南"察隅县来的"不速之客"而言，自然会有些不适应的感觉。我们尽可能地放慢肢体运动的速度。凭经验，晚上十有八九会降大雪。为了抵御风雪的袭击，我们都将帐篷安扎在汽车的东南一侧——高原上秋冬的风大多为西北风。

　　一边是河水淙淙的流淌声，一边是汽油炉蓝黄色火苗呼呼的燃烧声。野外宿营，因陋就简，几个罐头箱子就地拼在一起，又当桌子又当凳子，怎么方便怎么来。一人一个塑料桶，洗脚、洗脸、洗衣服，淘米、洗菜、提水干什么都行。先烧水后做饭。考察行进中的饭食十分简单，水开了，几把挂面往锅里一放，开几个罐头就算菜。调味品除了盐，还有固体酱油和醋精。没什么奢

◎作者在冰川考察

求，吃饱了就算。

几十年来，我的许多考察队朋友，包括后来先后当上院士或担任有关重要职务的熟人，很少有在吃、穿、住、行方面特别讲究的。当时任"青藏队"队长的孙鸿烈先生，后来历任中国科学院自然资源综合科学考察委员会主任、中国科学院常务副院长、全国人大常委会委员，职位一升再升，但待人接物的朴素本质却不改。一次我去北京出差，有事打电话到他家中，孙夫人接的电话，说孙先生正在洗澡，让我等一会儿再打。当我半个小时后再拨通孙先生的电话时，孙先生说，你怎么这么长时间才打来。原来他一听说我从成都来北京出差有事找他，他就三五分钟洗完了澡，一直守在电话机旁等我的电话。

在八达松多的当晚，李组长一再关照说，夜里警醒点，把手电放在枕头边。这次在野外宿营，他亲自负责把罐头食品箱摆放到每顶高山帐篷两边，叫大家用大石头压住帐篷的底边和绳子。他是怕晚上风太大吹翻了帐篷。帮着李先生检查完营地，确保安全后，我才回到自己的帐篷，本想和小单说两句话，但他早已进入了梦乡。我自己也累得快趴下了，钻进睡袋，一会儿就睡着了。

不知睡到了几点，想起身出去解手，可是刚一抬头就撞上了一块软软的东西，接着就听到帐篷外哗哗直响，像是有什么东西从帐篷上面滑落，同时帐篷顶上也出现了一团亮光。

原来天早就亮了。借着帐篷顶的光，环顾帐篷四周，只见大部分尼龙篷布都重重地压在了我们的鸭绒睡袋上。这时我们才意识到昨天夜里下了一场大雪，我们的帐篷已经被厚厚的积雪压了个严严实实。我们轮流钻出睡袋，穿好衣服，费了好大的劲儿才拉开帐篷门的拉链。刚开了一条缝，一团冰冷的雪就破门而入。我们顾不上那么多，爬出帐篷一看，所有的帐篷都被积雪掩埋得像一个个银白色的大坟包。

"都还活着吗？"我们轮流在每一个"坟包"旁边大声地呼喊着。一会儿，每个"坟包"都轻轻地动了一下，接着就是一阵推帐篷抖雪的声音。

高山尼龙帐篷前门后窗封闭后，本来就避风挡寒，一夜的大雪无形中等于给每顶帐篷外面加盖了一层厚厚的保暖毯，以至于捂得我喘不过气来，睡梦中我还以为住进了高级宾馆呢。

一夜的大雪迎来了个阳光明媚的晴天。阳光照在雪地上，到处都闪烁着星星一般的光彩。河里的水都没有结冰，仍然低低地吟唱着这雪后秋天的歌，缓缓地向下游流去。

抬头一看，大家都为昨晚的露营觉得可笑。原来河面又浅又窄，水深不及半个轮胎，河宽不到两个车长。更可笑的是，河对岸距离不到一千米处的八达松多的藏族同胞们早就接到县上的通知，说这两天有考察队来，让他们做好迎接的准备。昨天傍晚汽车喇叭一响，乡干部就派人在安排给我们住的两间空房里生起了牛粪炉，可是我们到了村口却不过河，还就地又搭帐篷又做饭。

我们决定在八达松多多住一天，好了解下一步行动路线的详细情况。

在20世纪70年代中期，八达松多算是西藏丁青县一个不小的公社。房屋多是土墙泥顶，门窗和墙椽都用当地阴山坡的松柏做材料，不涂颜色不上油漆，给人一种原始古朴的感觉。公社院内宽敞干净，家家户户的二层晒台上和房檐处都堆满了刚收回的豌豆和青稞麦。

考察队的到来给这边远的山村带来了平时少有的热闹，公社干部张罗着为我们宰羊。到了藏区，又值羊肥牛壮的季节，欢迎客人最常见的方式便是杀牛宰羊。这些日子从昌都出来，沿途所见的牧区都是一片热气腾腾的屠宰景象。宰杀的牛羊一般挂在干燥通风的地方，冬季里就成了藏区民众喜欢吃的"风干肉"。风干肉香脆可口，便于携带，细细品味，咸中带甜，由于未经高温蒸煮，肉中几乎保存了原来全部的营养成分。我在西藏登山协会认识不少国际级登山健将，比如仁青平措、丹增多吉、加布、桑珠等，他们在攀登世界诸大高峰时，都以风干肉、酥油和糌粑作为主要食品。

在西藏科学考察的二十多年里，我们也少不了吃些酥油、糌粑和风干肉，应该说，这是高原上一种独特而又讲究的食物组合。带咸味的酥油茶，一小碗糌粑，加两块风干牛肉，一顿下来不仅没有十分饱胀的感觉，还能保证上山考察不渴不饿，不累不乏，最明显的就是两腿特别有劲。有时候我看到中国足球队冲不出亚洲，那个急呀，恨不得给袁伟民先生（当时任中国足协主席）去封信，建议在西藏建立一个足球训练基地，主要招收藏族队员，最好是牧区的，将训练基地的食物全部换成藏族食品，每天吃两顿风干肉。我就不信上得了珠穆朗玛峰还冲不出亚洲！

　　一共杀了三只羊。公社主任说，这些羊都是当年生的，肉嫩味香。一只现宰现吃，一只带到路上，一只肢解风干，等我们回来时路过带走。那时肉食供应仍然紧缺，主任的一片好意我们心领了，可是又吃又拿说什么也不好意思。怕公社的干部们多心，李先生说等我们回来路过时一定将羊肉带走。冰川考察结束后我们便赶回了昌都，我们给公社主任写了一封信，信中装了50元钱作为三只羊的购买费用。那时羊肉连皮带肉两三毛钱一斤。三只羊不超过75千克，50元应该够了。

·小·知识

水源丰沛的高原寒漠区

西藏不缺水，高原上山溪河流纵横，冰川湖泊密布。在藏北无人区，虽然一片荒漠景象，但这种荒漠和塔克拉玛干大沙漠却完全不是一回事。塔克拉玛干沙漠完全是因缺水干旱形成的，而青藏高原的荒漠则主要是因寒冷形成的。所以科学家又将青藏高原上的这种荒漠景观称为高原寒漠。

高原寒漠区并非生命的禁区，那里生长着稀疏的蒿草和低矮的灌木丛，还常常可以看到成群的野牦牛、野驴和藏羚羊出没。

虫草的故事

如果我说1千克虫草24元，现在许多人一定难以置信。可是在当年，以我们当时的收入，1千克24元的虫草还是6个人合购的。

丁青一带的虫草很有些名气。虫草又名冬虫夏草，字面上的意思是说冬天是虫，夏天是草。无论在藏药还是中药中，虫草都是一味温补的稀有药品。虫草多生长在我国西部一些海拔3000米以上的高原高山的草甸子中。

严格地讲，虫草既不是动物，也不是植物，而是一种寄生在高山鳞翅目蝙蝠蛾幼虫身上的子囊菌。其下部为僵虫，上部为由僵虫头部长出的子座。藏语叫作"雅扎滚布"，即长着角的虫子。冬虫夏草以其奇特的形态、传奇的功效闻名于世。

虽然说西藏到处产虫草，但我第一次真正见到虫草还是在八达松多公社的供销社虫草收购站。在这之前，我只是在杨老师那本《西藏中草药志》上见过图画。

听八达松多公社干部说办公室隔壁有供销社，我们吃完午饭后便去看看供销社内到底有些什么商品。供销社内商品不多，有盐巴、茶叶、酥油，还有当地农牧民用的一些骡马鞍镫、铁锹麻绳之类的农牧用具。供销社负责人试探着问我们要不要虫草，说只要收购价，1千克24元，一共有两三千克，因暂时无法送交昌都收购站，要是不及时卖掉，只怕要受虫蛀。外面一些人把这些东西看得金贵，认为吃虫草可以延年益寿，可是我们真是从来也没把那当过一回事，这次突然被问起要不要，真还有些为难起来。不过我想一睹这冬虫夏草的真容，就脱口说道："那就取出来让我们看看吧。"

"真是名不虚传啊！"看到那一箩筐黄澄澄的小"虫"，我们真是又好奇，又觉得它们有趣，要不是早知道这仅仅是一种寄生真菌的话，真要被吓一跳呢。

买吧，舍不得钱，都嫌贵；不买吧，人家都已经端

◎作者在考察中

出来了。可这里交通不便，真要生了虫，相当于两三个月工资的几千克虫草就被浪费了。李先生和我们简单地商量后决定只买500克，李先生、牟老师、我，还有另外3个年轻人平分，一人不到100克。

　　20世纪80年代初，我参加西藏雅鲁藏布大峡谷地区南迦巴瓦峰登山科学考察。我们的营地驻扎在一条叫作路口曲冰川的第四纪古冰碛倾斜台地上，海拔约4500米。当时正值4月中旬，山上积雪未消，但由于生火做饭的热量散于周边，做厨房用的大帆布帐篷内的钢丝床下、未堆放东西器物的空地上，却已是芳草萋萋，一片生机盎然。一天中午正在吃午饭，我看到帐篷的一角似乎有什么东西在轻轻蠕动，可是定睛看去，却只是几片黑褐色的小草根，正想收回目光，又觉得那些小草根在缓缓地蠕动。我好奇地端着饭碗，走到帐篷的一角，蹲下身去，仔细一瞧，高兴得差一点儿叫出声来，原来我看见冬虫夏草的活体啦！

一堆五六只小虫，大半身体还伸在黑乎乎的草甸子土中，每只虫的头上都生出一根像豆芽一样的小"叶"，由于这小"叶"只是一种寄生在虫体上的真菌，不含叶绿素，所以呈黄褐色。真菌还未完全发育成熟，小虫们也还未最后僵死，所以伸出土面的部分还在做着运动。

又过了几天，我发现小虫们的身子完全缩进了草甸子土层中，头上的小叶片静静地竖立在一堆小青草之间。又过了一些日子，要收队撤营了，我想去和虫草"朋友"们告个别，可是找来找去再也没有发现它们的身影。我怀疑是厨房师傅挖走了，可是又没发现任何采挖的痕迹。后来，当地一名叫德钦的老人告诉我，虫草会"跑"，会在土层中从一个地方"跑"到另外一个地方。这个说法虽不能令人信服，却给虫草增加了一些神奇的色彩。

到了20世纪90年代，冬虫夏草的药用价值被过度宣传了。冬虫夏草在国内外市场上的价格一路飙升，一些牟取暴利的不法分子便蜂拥来到青藏高原，狂挖滥采，将不少地方的草甸子翻了个底朝天。

青藏高原海拔4000米以上的高山草地、灌丛区都是生态环境极度脆弱区，一朝被破坏，十年难恢复。

后来我去西藏波密县的米堆冰川考察时，米堆村主任就说山上的虫草被挖得太多了，导致湖堤溃决，引发了洪水、泥石流。好在这一现象已经引起了各级政府和媒体的关注。一些地方的农牧民也采取各种各样的方法阻止这一劣行。

冰流四溢的布加雪山

在中国西部群山家族中，千万不能忘记唐古拉山。

巍然矗立的唐古拉山脉横空出世，以北西—南东的走向，斜插在青海省和西藏自治区之间，硬是将青藏高原天然地划分为两大块。山脉的东北麓是我国最大河流——长江的源头，也是澜沧江的发源地；西南麓则是我国著名的高原大河——雅鲁藏布江重要的支流流域，以及怒江的发源地，因此唐古拉山脉是太平洋水系与印度洋水系的重要分水岭。它的最高峰位于山脉的最西部，海拔约6621米，即著名的长江之源——各拉丹冬雪山。

各拉丹冬雪山周围十分平缓，海拔6000米以上，是有着2000多平方千米的古夷平面。这里不仅发育分布着唐古拉山最长的高原型大型山谷冰川——姜古迪如冰川，而且还发育着面积达190平方千米的平顶冰川。

姜古迪如冰川长约12.8千米，末端海拔高度达5400米，比珠穆朗玛峰北坡的绒布冰川末端还高约200米！各拉丹冬的平顶冰川酷似一只匍匐在青藏高原中部山体上的大海龟，不过海龟只有四条腿，而各拉丹冬平顶冰川却向四周辐射出十几条冰流。

1989年夏季，我曾带队深入各拉丹冬雪山，考察那里的冰川和环境，先后上到岗加曲巴冰川和水晶矿冰川雪线附近，观测它们的积累状况和气象特征。除此之外我们还观察到，岗加曲巴冰川上和西北坡的姜古迪如冰川一样，也发育着规模巨大的冰塔林景观。

珠穆朗玛峰北坡的绒布冰川上，自冰川雪线开始，发育着雏形冰塔林，然后是连座冰塔林，再向下才是孤立冰塔。孤立冰塔的下限止于冰川消融区的中部，再往下游就是冰川连片的表碛覆盖区。

各拉丹冬雪山附近的冰川，雪线以下也开始出现雏形冰塔林，而连座冰塔林则直接延伸分布到冰川末端，孤立冰塔的形态基本缺失，只是在冰川末端附近的河滩地上，偶尔可见孤立冰塔的残存。

唐古拉山西部的现代冰川末端海拔虽高，但那里仍有和冰川长相厮守的繁茂的高山牧草，成群的野驴、黄羊，高高盘旋的秃鹫、苍鹰，以及许多藏族牧人的黑色帐篷。这是我所见到的海拔最高的永久性的人类活动定居点。

现在该说说坡戈冰川、坡戈寺所在的布加岗日雪山了。

唐古拉山从长江之源的各拉丹冬雪山迤逦向东走来，海拔多在5000～6000米。这在中国西部的高山家族中自然是不起眼的中等个头，但在进入索县、巴青之后，唐古拉山突然跃起，在十几千米地段的主山脊上，竟排列着16座海拔超过6000米的山峰，其中最高峰达6328米，这就是布加岗日雪山。

布加岗日雪山虽然不如唐古拉山西端各拉丹冬的海拔高，也没有各拉丹冬雪山附近那么高大广袤的第三纪古夷平面，但是这里和青藏高原西北腹心地带相比，更靠近雅鲁藏布大峡谷水汽北上的大通道，冰川降水物质补给量每年可达600～700毫米，所以这里仍然发育着一个现代冰川作用中心，这就是布加岗日现代冰川群。

布加岗日雪山共分布着114条现代冰川，面积达200

多平方千米，其中大、中型山谷冰川有6条。两条大型山谷冰川都分布在南坡：一条是足学会冰川，长约11千米，面积达35平方千米；另一条就是我们此行考察的坡戈冰川，长约10千米，面积为21.2平方千米。

布加岗日雪山的各条山谷冰川的末端海拔都在5000米以下。足学会冰川末端海拔4149米，是布加岗日雪山，也是整个唐古拉山中现代冰川末端下伸海拔最低者。仅次于它的就是末端海拔为4332米的坡戈冰川。

坡戈冰川是一条复式山谷冰川，也就是说它的中上游分属两个不同的山谷，到下游消融区两条冰流合二为一，成为一个整体。

除了6条大、中型山谷冰川之外，布加岗日雪山的其他冰川绝大多数属于小型冰川，主要是一些冰斗冰川和悬冰川，平均每条冰川的面积不过一平方千米。这些冰川规模虽小，但对区域性气候的反应特别灵敏。有的是面积只有数百平方米的小冰川，如果气温连续升高，它们将会隐身消失；如果再连续几年气温降低，它们也许又会像变魔术一般地出现在世人面前。当然，在气温基本没有较大变化的前提条件下，一旦降水发生较大的变化，这些冰川家

◎作者在冰川区考察

族中的"小弟小妹们"一样会神出鬼没，一会儿生出来，一会儿又消失掉。当然，这里说的"一会儿"绝不是一年两年的时间。在现代冰川学的研究中常常借用地球卫星等遥感遥测技术对它们进行定期监测，以此作为地球水热环境变化趋势预测的重要依据。

"世外桃源"坡戈冰川

伴着坡戈寺后的坡戈冰川湖流淌下来的河水轻音乐般的声音，和小河对岸松柏混交林中柔柔的林涛声，我们不知什么时候都进入了甜甜的梦乡。次日醒来时，已是满屋金辉了。

坡戈寺的住持喇嘛早就开始了他一天的劳作。民工们则一夜篝火一夜歌。他们在稍远处一棵大树下搭起了帐篷，燃起了牛粪和枯树枝。昌都康巴汉子天生热情豪放，自称是高原雪山之子，他们边饮边唱，兴致一来，干脆围着篝火跳起他们最喜欢的锅庄舞。他们一再邀请我们去跳舞，喝青稞酒，吃牛羊肉，可是我们却宁愿静躺在廊上倾听那潺潺的水声和柔柔的风声。

见我们都睡醒了，住持喇嘛吩咐江勇招呼我们洗脸刷牙，还说厨房里的酥油茶已经打好，装在两只大肚子铜壶里，煨在火灶上，竹筐里有糌粑，有酥油，让我们随便吃。说完后便独自一人朝小河边走去，手里还提着一皮袋东西。

我们都拿着毛巾、肥皂和牙刷，顺着住持喇嘛走的小道朝小河边走去。刚转了个小弯，就被眼前的景象吸引住了。原来小河对面山林中有一条冲沟，一群美丽的梅花鹿和一群娇艳的藏马鸡径直来到河边。河上有一座原木搭成的小桥，藏马鸡和梅花鹿争先恐后地顺着桥或踩着水拥过小河，将住持喇嘛这位老人围了个水泄不通。只见老人用小木碗一碗一碗地从皮袋中盛出喷香的糌粑，倾倒在河边的砾石滩上。梅花鹿一边舔食着地上的糌粑，一边不停地摇动着短短的尾巴。藏马鸡被挤到了圈子外边，不停地咯咯叫着。老人便移到旁边，藏马鸡随即围了上去，可是一会儿，舔完地上糌粑的梅花鹿又跟过去和藏马鸡们争食，于是老人又朝原先喂梅花鹿的地方移了过来。终于，口袋中的糌粑倒完了，吃完食的梅花鹿和藏马鸡却舍不得离开老人。老人见我们好奇地远远站着，就挥手招呼我们走过去。可惜那时个人都没照相机，没能把那个画面拍下来。

◎坡戈冰川（局部）

　　梅花鹿和藏马鸡到底认生，没等我们走近，便一只又一只顺着小木桥或踩着小河水，回到了河对岸，钻进了松柏混交林。见到这一群有灵性的野生动物隐入密密的森林，我们都有一股说不出的惆怅。老人说，没关系，下午它们还会出来的。

　　后来才知道，外人来到这里，都会给寺里奉上许多糌粑等食物，住持喇嘛总会分出一部分去喂养山中的野生动物。时间一长，这些野生动物也就形成了条件反射。昨天那些民工都将自己所带的酥油、糌粑拿出一部分献给了坡戈寺。后来工作结束临走时，我们也将多余的茶叶、盐巴和压缩饼干留给了住持喇嘛，老人不拒绝，也没表示出明显的谢意。也许在他看来，人和人之间，人和动物之间本来就应该如此，互通有无，友善相处。

　　坡戈寺后是一片生着柏树和桦树的林子，林下有一些稀疏的荆棘、灌丛和大叶杜鹃。这一带不像察隅和波密那样潮湿，在林中考察，脚下不滑，可是乱石铺地，也得时时防着"马失前蹄"。脚下都是冰川前进时堆积下来的冰碛垄，冰碛垄中的冰碛漂砾有大有小，大的大如房屋，小的则小似鸡蛋。

　　冰碛垄和河流阶地、泥石流冲积扇相比，最明显的地貌特征就是垄岗状，有反向坡，好像一台特大型装卸机或推土机将小山一样多的砾石沙土从一个地方搬运来，又卸下堆放在这里。当然，在这高山旷野之中，哪里会有什么现代搬运机械呢？要真说有的话，那一定是冰川了。

　　只要观察一下，动动脑筋，就会把这些我们叫作冰碛物的地貌景观形态同河岸阶地，滑坡、泥石流形

◎冰川地区的地衣和藻类

成的地貌形态相区别。河岸阶地基本上水平分布在河流的两岸，即便有些倾斜，也和水流的方向一致；滑坡堆积的形态特征最明显，因为滑坡体距发生滑坡的地方并不太远，假如你能想办法将滑坡体整体搬动复原的话，那么就一定可以将它与原来山体的缺失部分嵌合起来；泥石流从发生区出来，通过狭窄的流通区冲出山口后，应力能量突然散开，会形成一个上游小、下游宽的扇形堆积体，叫作泥石流扇形地。这些堆积地貌与冰碛垄地貌有明显的差异。眼前森林覆盖下的小丘陵与坡戈冰川近在咫尺，不用论证也知它们是冰川作用所为了。

那么，这些冰碛垄是什么时间形成的呢？我们试图利用地衣寻找答案。

地衣，英文名字叫lichen。不少人将其误认为苔藓，而把它们叫作"苔藓植物"。其实准确地讲，地衣是真菌与藻类或蓝细菌之间稳定而又互相利用的联合体。地衣分布范围很广，从南北两极到地球赤道所有的陆地，无论是高山、平原还是荒漠、森林，都可以寻觅到它们的踪迹。它们生长的基质通常为树皮、土壤和岩石，以及其他相对稳定的物体。

按外形特征，地衣可分三类：壳状地衣、叶状地衣和枝状地衣。在一些原始森林中，常常可以看到许多蠕虫状或丝状物倒悬于树枝树叶上，俗称松萝或树挂，因为这是野牛、野鹿等动物最爱的食物，所以林区群众又叫它为"山挂面"，其实它就是枝状地衣中的一种。

地衣的分布与区域大气环境的污染程度有明显的关

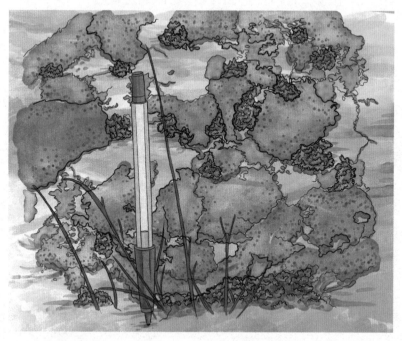

◎冰川附近的地衣

系。大气污染程度越高的地方，地衣生长越受到强烈的抑制，甚至根本看不到地衣的踪影。因此，利用地衣的生长和分布特征去评价、预测一些地区，尤其是生态旅游区的环境变化趋势，是一种方便、经济又很灵敏的办法。

在地质学研究中，地衣还有一种功能并不被太多人所了解，那就是用于同地质学有关的年代学测定。比如，冰川区用地衣测年就是比较科学有效的方法。

在所有地衣中，有两种地衣最适合用来冰川测年。一种叫作地图衣，另一种就是鳞壳状的红石黄衣。

地图衣和红石黄衣生长形态极低级，而且新陈代谢慢，生存期长。尤其是地图衣中的黄绿地图衣，专爱生长在冰川区的冰碛漂砾上，只要没有外力去翻动它们赖以生长的基质石块，它们便可以持续地生长下去。而且它们的形态多呈圆形，其半径大小与生长年代有一种指数曲线关系。利用地衣的这些特征规律，在冰川历史动态变化和考察研究中，科学家们都少不了采用地衣测年法以确定和恢复冰川的演变历史。

坡戈冰川的古终碛垄一共分为四列，从里向外，植被由稀疏到稠密，由矮小到粗大，由草本到木本，由以灌木为主到以乔木为主。显然，从里向外，每列终碛垄的年代也是由新到老，清楚地表明了冰川从某个年代以来分阶段后退的历史变化。

坡戈冰川的冰舌前端和最新的一列终碛垄之间是一个冰川湖泊，湖面水域足有一千多平方米。冰舌末端悬浮在冰湖里，不时有冰块崩塌落入湖中，溅起阵阵白色水柱。冰块漂浮在湖面上，像一只只白玉雕琢成的航船。住持喇嘛告诉我们，这些崩落的冰体要是在春夏季节，过不了多久就会融化成水，可要是在秋冬季节，其不但不融化，而且还和湖面冻结在一起。崩塌的冰块如果太多，来年气温升高，融化后湖水加速外泄，弄不好还会给坡戈河下游的草场带去洪水灾害。

住持喇嘛告诉我们说，早先这里并没有湖。他清楚地记得，1934年以前，坡戈湖所在的地方只是坡戈冰川的一部分，那时他和年轻同伴经常踏着冰面，沿着冰川爬到很高的地方。他还说，他刚进寺庙的时候（1920年左右）坡戈冰川前端又高又陡。在我们看来，这一现象当然是冰川正处于前进状态的有力证据。相反，处于退缩过程中的冰川末端则一般比较平缓、涣散。访问也是科学工作者判定冰川到底是处于前进还是退缩状态的野外调查方法。

在外面两列终碛垄上，我们看到许多黄绿色地图衣和红石黄衣。利用地衣测年的一般方法，我们选定了样方，测量了它们的半径长度和基质处土壤的厚度，利用统计、类比的方法建立了相应的地衣生长曲线，测出这两列冰碛垄的形成年代分别是1857～1888年和1809年以前。

事有凑巧，我们同时在最老一列终碛垄的外侧坡上找到了一棵被伐倒的柏树，它的胸径虽然只有14厘米，但树轮告诉我们，这棵树在这里已生长了77年，而这列冰碛垄外坡上生长的柏树最大直径有70多厘米，推测其年轮一定在200年以上。最外侧冰碛垄的年代说明，那里正是坡戈冰川在17世纪地球气候进入小冰期时的位置。

不知不觉中就结束了对坡戈冰川的考察。秋渐深，坡戈谷地的早晚间已显出了浓浓的凉意。也许是冰川快进入"冬眠"季节，运动速度减慢了，坡戈冰川末端冰体崩塌的次数减少了，崩塌的规模也小了，坡戈湖水还是没日没夜地向外流淌着。终碛垄上的森林、草木在不经意间已由葱绿变成了青黄，间或夹杂些淡红，只有河对岸松柏混交林中的那群梅花鹿和藏马鸡依然如故，一早一晚下山、过桥、涉水，来到坡戈寺下的那块河流滩地上，争食着住持喇嘛老人给它们的食物。

每到一地科学考察，都会给我们和当地民众留下关于彼此的许多美好记忆。刚去的时候，他们热情地欢迎我们。考察一旦告一段落，我们要离开时，就感到满心的惆怅和难分难舍。许多次，都是一村的男女老幼放下手中的活计，挤在村口与我们一一道别。

我们留恋唐古拉群山怀抱之中的坡戈冰川、坡戈湖、坡戈寺、坡戈寺附近的山水树木和森林中的梅花鹿、藏马鸡，更舍不得离开坡戈寺内那位住持老人。